中 等 职 业 学 校 教 材

Visual Basic 6.0 项目教学实用教程

乐一波 编著

人民邮电出版社

北 京

图书在版编目（CIP）数据

Visual Basic 6.0 项目教学实用教程 / 乐一波编著.
北京：人民邮电出版社，2008.9（2022.11 重印）
中等职业学校教材
ISBN 978-7-115-18518-1

Ⅰ. V… Ⅱ. 乐… Ⅲ. BASIC 语言—程序设计—专业学校—
教材　Ⅳ. TP312

中国版本图书馆 CIP 数据核字（2008）第 121112 号

内 容 提 要

本书按照项目教学的方式深入浅出地介绍了用 Visual Basic 6.0 编程的方法。全书分为 5 章，包括界面设计、简单程序设计、数组与算法、多媒体编程、实践练习系统等教学内容，读者在完成每个项目的同时，掌握相关的知识和操作方法。

本书可作为中等职业学校计算机及相关专业的教材，也可供培训机构和 Visual Basic 爱好者使用。

中等职业学校教材

Visual Basic 6.0 项目教学实用教程

◆ 编　著　乐一波
　　责任编辑　张孟玮
　　执行编辑　郭　晶

◆ 人民邮电出版社出版发行　　北京市丰台区成寿寺路 11 号
　　邮编　100164　电子邮件　315@ptpress.com.cn
　　网址　http://www.ptpress.com.cn
　　大厂回族自治县聚鑫印刷有限责任公司印刷

◆ 开本：787×1092　1/16
　　印张：11　　　　　　　　　　　2008 年 9 月第 1 版
　　字数：274 千字　　　　　　　　2022 年 11 月河北第 26 次印刷

ISBN 978-7-115-18518-1/TP

定价：19.80 元

读者服务热线：(010)81055256　印装质量热线：(010)81055316
反盗版热线：(010)81055315

本书编委会

主　编　　乐一波

编　著　　（排名不分先后）

　　　　　单淮峰　何凤梅　林原木　陈海斌　化希鹏

前　　言

　　本书是为中等职业学校计算机及应用专业编写的教材，也可作为 Visual Basic 语言的入门教材。在编写时采用 Visual Basic 6.0 版本，参考了国家计算机等级技能鉴定标准考试大纲，对大纲要求的部分内容进行了删减，便于中职学生理解和掌握。又充分考虑到中等职业学校学生的特点，在内容安排上尽量做到精练，在叙述上力求通俗易懂。全书采用项目教学法对各知识点进行串接、编写，结构清晰紧凑、易学易懂，既方便教师教学，又方便学生复习。同时与实践相结合，使学到的知识能方便地应用于实际生活和工作中。

　　本书的作者均为重点职校一线的骨干教师，他们具有丰富的教学实践经验，采取容易让学生接受的项目驱动式教学法编排内容。本书在编写时充分考虑到职业学校学生的特点，突出实用性，着重于应用能力的培养，使之学后能解决实际问题。各章节都由各种项目构成，各项目在选择时尽量做到简单实用、具有趣味性，符合中职学生的认知特点，在完成项目的同时，学会并掌握知识和技能。本书每章均配有习题，便于老师教学，同时也有利于学习者巩固所学内容。

　　由于时间仓促，本书在内容结构与实例选择方面还存在不足之处。由于计算机的发展非常迅速，有关的内容和知识不断地更新，因此计算机专业的教材也需要经常修订。在此我们殷切地希望使用本书的广大师生能提出宝贵意见，以便我们修改完善。

编　者

2008 年 7 月

目　录

第 **1** 章　编程入门——界面设计

Visual Basic 中的"Visual"中文意思是"视觉的、形象的",在计算机技术中译为"可视化的",BASIC(Beginners All-purpose Symbolic Instruction Code)语言是一种在计算机上应用得极为广泛的语言。

用 Visual Basic 开发应用程序,需要以下几个步骤。

(1)创建应用程序界面。

(2)设置属性。

(3)编写代码。

本章主要学习创建应用程序界面和设置属性,程序代码将少量涉及。

1.1　时　钟　封　面

对于 Windows 环境下的应用软件,一个漂亮而醒目的封面总会使软件充满魅力。图 1-1 所示为 Word 2003 简洁美观的封面,它给所有 Office 的用户都留下了深刻的印象。

图 1-1　Word 2003 的封面

1. 项目描述

本节学习制作一款应用软件的"封面"(见图 1-2),它是启动应用软件时,显示出的第一个界面,在该界面上一般显示软件名称、版本、版权等信息。

图 1-2   时钟封面

2．项目分析

软件界面上显示文本信息一般使用标签（Label），本项目通过 3 个标签分别显示软件名称、版本和版权信息，而背景图片、图标和标题的"欢迎"文本通过设置窗体的属性实现。

3．项目实现

准备工作

在开发应用软件之前，需要建立保存应用程序的文件夹（也可以在开发过程中建立文件夹），但如果需要使用来自外部的文件，比如背景图片和图标文件，则应在开始开发应用软件之前，先建立一个文件夹，将所需要的资料复制到该文件夹中。

在本项目的示例开始之前，先在 D 盘中建立一级文件夹"时钟封面"。用户可以使用相同的文件夹设置，也可以自己定义，对于多用户操作的计算机，可以使用用户自己的姓名作为文件夹名称，以区别不同的用户。

要注意以下文件夹和文件的操作中，用户的操作在文件夹名称上要做相应的变化。

在本项目开始之前，设计制作或寻找一个图像文件（320 像素×214 像素）作为本项目的图片使用，再准备一个图标文件（24 像素×24 像素或 16 像素×16 像素）作为本项目的图标使用。

1．启动 Visual Basic 6.0

与微软公司的其他产品相类似，可以通过"开始"菜单、桌面快捷方式等多种途径启动 Visual Basic 6.0，常见的操作是：

单击"开始"→"所有程序"→"Microsoft Visual Basic 6.0 中文版"→"Microsoft Visual Basic 6.0 中文版"命令。

启动 Visual Basic 6.0 后，弹出"新建工程"对话框（见图 1-3）。单击"打开"按钮，进入 Visual Basic 6.0 的主界面（见图 1-4）。

如果在单击"打开"按钮之前，先单击左下角的"不再显示这个对话框"复选框，下一次启动将直接进入 Visual Basic 6.0 的主界面。

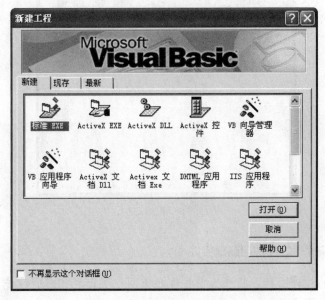

图 1-3　"新建工程"对话框

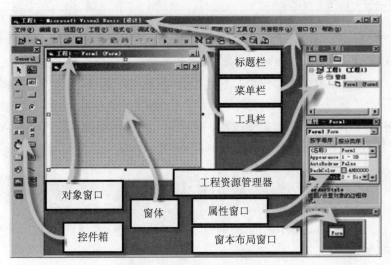

图 1-4　Visual Basic 6.0 主界面　　　　　　　　　图 1-5　控件箱

2．添加文字

Visual Basic 6.0 的主界面中间最大区域是一个由系统自动创建的空白的新窗体。

Visual Basic 6.0 的主界面左侧是"控件箱"（见图 1-5），单击控件箱中的标签控件图标 **A**，然后将鼠标光标移到窗体上，此时鼠标光标变为"+"，其中心就是控件左上角的位置，把"+"移到窗体的适当位置，按下鼠标左键并向右下方拖动，窗体上将出现一个方框，随着鼠标向右下方移动，所画的方框逐渐增大。当增大到合适的大小时，松开鼠标，即在窗体上画出一个新的标签控件 Lebel1（见图 1-6）。

用上述方法画控件时，按住鼠标左键不放，并移动鼠标的操作叫做拖动（Drag）。当画完一个控件后，鼠标状态变为选择。如果需要画多个相同的控件，先按位 Ctrl 键，再选择控件图标，然后拖动鼠标画控件。

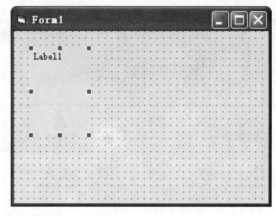

图 1-6　添加标签

小技巧：快速添加控件和删除控件

双击控件箱中的控件图标，将在当前窗体的中间位置出现相应的控件。用这种方法所画控件的大小和位置是固定的。

删除控件的操作是选定控件后按 Del 键。

集成开发环境

Visual Basic 6.0 的主界面又称为 IDE 集成开发环境，如图 1-4 所示。集成开发环境除了具有标准 Windows 环境的标题栏、菜单栏、工具栏外，还有工具箱、窗体设计器、工程资源管理器窗口、属性窗口、立即窗口、窗体布局窗口等开发工具。

控　件

设计应用程序界面上各种对象的工具，如命令按钮、文本框、线条、图标等。

控件以图标的形式放在工具箱中，每种控件都有与其对应的图标。

窗　体

窗体（Form）可以看成为一块画布，程序员将各种控件堆放在上面，构成了程序的外貌。在设计程序时，窗体是程序员的"工作台"；在运行程序时，每个窗体对应于一个窗口。

一个应用程序至少应包含一个窗体。VB 中的窗体默认具有控制菜单、标题栏、最大化/复原按钮、最小化按钮、关闭按钮及边框。

窗体是所有控件的容器。

对　象

对象是程序设计的基本单元，用 Visual Basic 设计应用程序，实际上是与一组标准对象进行交互的过程。所有窗体和控件都是对象，是创建界面的基本构造模块。

在属性窗口中找到 Caption 属性，此时属性值默认为"Label1"，输入"时钟"以修改 Caption 属性值（见图 1-7），结果如图 1-8 所示。

小技巧：调整窗体网格间距

窗体操作区中布满了小点，这些小点是用于对齐控件的。如果想清除这些小点，或者想改变点与点之间的距离，选择"工具"菜单中的"选项"命令（"通用"选项卡）。

在 Visual Basic 6.0 中点与点距离度量单位是"缇"（twip），窗体中网络的大小默认为 120 缇。

图 1-7　设置标签的 Caption 属性

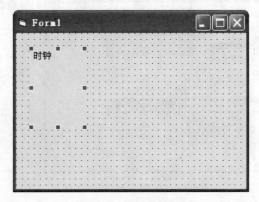

图 1-8　在窗体上添加文字

控 件 箱

控件箱也称为工具箱，由工具图标组成，这些图标是 Visual Basic 应用程序的构件，称为图形对象或控件。选中工具箱中的工具图标，可以在窗体设计器上绘制出相应的控件。

启动 Visual Basic 后，工具箱中列出的是标准控件，共有 20 个标准控件，外加一个选择光标。

工具箱实际上是一个窗口，可以通过其右上角的"×"按钮关闭，如果想打开工具箱，可执行"视图"菜单中的"工具箱"命令或单击工具栏中的"工具箱"按钮 ⚒。

窗体设计器（对象窗口）

窗体设计器是 VB 开发应用程序的主要场所。应用程序的各种图形、图像、数据等都是通过窗体或窗体中的控件显示出来，因此，创建应用程序界面的主要工作就是在窗体设计器中完成窗体的设置。

添 加 控 件

用户界面由对象组成，在设计用户界面时，要在窗体上画出各种需要的控件。也就是说，除窗体外，建立用户界面的主要工作就是在窗体上画出代表各个对象的控件。

标签（Label）控件

标签通常用显示文本和标注其他控件的附加说明性信息。标签显示的文本，用户不能直接修改。

3．修饰文字

在属性窗口中单击 Font 属性名称，此时属性值默认为"宋体"，单击属性值右侧的 ⋯ 按钮（见图 1-9），在弹出的"字体"对话框中设置字体为隶书、常规、初号（见图 1-10）。单击"确定"按钮，退出"字体"对话框。

标签控件四周有 8 个小方块，称为尺寸柄。用鼠标拖动小方块调整标签控件的大小，使得标签控件内的文本字符正好显示为图 1-11 所示的两行。

图 1-9　标签的 Font 属性

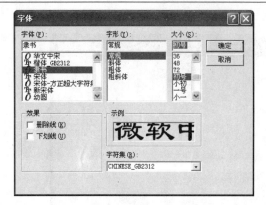

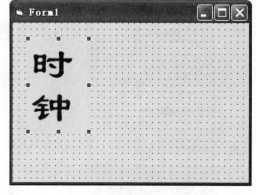

图 1-10 "字体"对话框　　　　　　　　　图 1-11 设置字体后效果

选定单个控件

为了对控件进行操作，必须先选择需要操作的控件。

用鼠标单击控件，使之成为当前控件。当前控件的边框上有 8 个蓝色小方块（称为尺寸柄），表明该控件是"活动"的。

调整控件大小

将鼠标指针对准控件的选中标志（8 个小方块，即尺寸柄），会出现双箭头，这时便可以改变控件的大小（即高度和宽度）。

或用 Shift 键和箭头键调整选定控件的尺寸。

移动控件的位置

将光标移到控件内（边框内的任何位置），按住鼠标左键不放，然后拖动鼠标，就可以把控件拖拉到窗体内的任何位置。

度量单位："缇"

所有 Visual Basic 的移动、调整大小和图形绘制语句，根据默认规定，使用缇为单位。缇是打印机的一磅的 1/20（1 440 缇等于 1 英寸；567 缇等于 1cm）。

这些测量值指示对象打印后的大小。屏幕上的物理实际距离根据监视器的大小变化。

属　　性

每个对象都有一组特征，如大小、标题、颜色等，称之为属性。

通过修改对象的属性能够控制对象的外观和操作。

每一种对象都有一组特定的属性，不同的对象有不同的属性。有许多属性可能为大多数对象所共有，还有一些属性仅局限于个别对象。

每一个对象属性都有一个默认值，如果不明确地改变该属性值，程序就将使用对象的默认值。

属　性　窗　口

属性窗口中列出对选定窗体和控件的属性设置值。

在属性窗口中属性显示方式分为两种，即按字母顺序和按分类顺序，分别通过单击相应的按钮来实现。

属性的设置

对象属性的设置一般有两条途径。

（1）选定对象，然后在属性窗口中找到相应属性直接设置。这种方法的特点是简单明了，每当选择一个属性时，在属性窗口下部就显示该属性的一个简短提示，其缺点是不能设置所有所需的属性。

（2）在代码中通过编程设置，格式为：**对象名.属性名=属性值**

例如，设置标签 Label1 的显示文字"时钟"的代码为：Label1.Caption=" 时钟 "

本节主要学习如何在属性窗口中设置对象的属性。

常见属性：Caption

对于窗体，Caption 属性确定窗体标题栏中显示的文本；对于标签或命令按钮，Caption 属性确定显示在控件中的文本。

当创建一个新的对象时，其默认 Caption 标题为默认的 Name 属性设置。该默认标题包括对象名和一个整数，如 Label1 或 Form3。为了获得一个描述更清楚的标签，应对 Caption 属性进行设置。Label 控件标题的大小没有限制。对于窗体和所有其他有标题的控件，标题大小的限制是 255 个字符。

在属性窗口设置属性

为了在属性窗口中设置对象的属性，必须先选择要设置属性的对象，然后激活属性窗口。属性不同，设置新属性的方式也不一样。通常有以下 3 种方式。

（1）直接键入新的属性值。先把输入光标移动到属性右侧一列，用 Delete 键或退格键将原来的属性值删除，再输入新的属性值。如果鼠标双击属性，则可直接在右侧输入新的属性值。

（2）通过下拉列表选择需要的属性值。对可以通过下拉列表设置属性值的属性，也可以双击属性名，系统将自动切换属性值。

（3）利用对话框设置属性值。

打开属性窗口的方法

（1）单击工具栏中的 图标。

（2）在"视图"菜单中选择"属性窗口"。

（3）按 F4 键。

4. 对齐文字

在属性窗口中单击"名称"属性下面的 Aligment 属性，其属性值右侧出现向下的 按钮，单击 按钮，在随后出现的下拉列表中选择"2-Center"（见图 1-12），结果如图 1-13 所示。

图 1-12   设置 Aligment 属性

图 1-13   Aligment 属性居中效果

5．设置显示文字的内部名称

在属性窗口中找到"名称"属性，此时属性值默认为"Label1"，输入"lblClock"以修改标签的 Name 属性值（见图 1-14）。

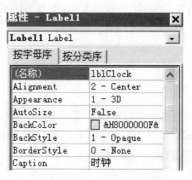

图 1-14　设置 Name（名称）属性

常见属性：Font

Font 属性用于设置字体，只能在属性窗口中设置。

同时，Font 又是一种对象。Font 对象的常见属性有：Name（字体名称）、Bold（是否粗体）、Italic（是否斜体）、Size（字体大小）、Underline（是否带下划线）等。

例如，在代码中设置 Label1 的字体为加粗，可以使用以下语句之一：

Label1.FontBold=True 或 Label1.Font.Bold=True

Aligment 属性

对 Label 控件，Aligment 属性确定 Caption 内容文本的对齐方式，有 0-左对齐、1-右对齐、2-居中对齐 3 种选项。

标　题　栏

标题栏是 Visual Basic 6.0 主界面顶部的水平条，显示工程名和工作状态，如

工程 1-Microsoft Visual Basic[设计]

其中方括号中的"设计"表明当前的工作状态是"设计阶段"。Visual Basic 6.0 集成开发环境有 3 种工作状态：设计状态、运行状态、中断状态。

6．添加其余文字

用如上所述方法，在窗体中再添加两个标签控件，控件的属性值如表 1-1 所示，结果如图 1-15 所示。

表 1-1　　　　　　　　　　　　　　标签控件属性

控 件 名	Caption	Font	Aligment
lblBb	V1.0	宋体常规五号	2-Center
lblBq	版权所有 2008-2010	宋体常规五号	2-Center

用鼠标拖动 lblBq 标签控件的小方块，调整标签控件的大小，使得标签控件内的文本字符正好显示为如图 1-15 所示的两行。

用鼠标拖动 3 个标签到如图 1-15 所示的大致位置。

图 1-15　3 个标签控件

常见属性：Name

　　每个对象（窗体、控件）都有唯一的名称，对象的 Name 属性用于标识对象的名字，在运行时是只读的，即 Name 属性只能在属性窗口中设置，在运行程序时不能改变对象的名称。

　　在建立对象时，VB 一般会为对象设置默认值。新对象的默认名字由对象类型加上一个唯一的整数组成。

　　例如，标签控件的默认名字为 LabelX（这里的 X 为 1，2，3…），其中第一个标签名称默认为 Label1，以后再添加标签时其默认名称分别为 Label2、Label3…这些标签控件的名称可以在属性窗口中的名称（Name）属性中修改。

　　窗体的默认名字为 FormX（X 为 1，2，3…）。

　　为了提高程序的可读性，最好能赋予对象一个有确定意义的名称。

　　一个对象的 Name 属性必须以一个字母开始并且最长可达 40 个字符。它可以包括数字和带下划线（_）的字符，但不能包括标点符号或空格。在设计时不能有两个控件有相同的名字，Name 属性设置不能与其他公共对象相同的名字，还应避免使用关键字。

命名的学问

　　在给对象命名时，应当遵循以下的简单规则。

　　（1）请选择易于被用户理解的名字，名字含义越清晰，则代码的可用性越强。

　　（2）尽可能使用完整的单词，例如"SpellCheck"。缩写可以有多种形式，因此会引起混乱。如果整个单词太长，就使用其完整的第一个音节。

　　（3）使用大小写混合来命名标识符，将每个单词或音节的首字母大写。

　　（4）推荐使用"小写前缀+首字母大写的汉字词组全拼"的命名格式。

7．对齐 3 个标签

　　按住 Shift 键，不要松开，然后分别单击 3 个标签控件。被选择的每个控件的周围有 8 个小方块（在控件框内），表示 3 个标签都处于被选定状态（见图 1-16）。单击"格式"菜单中的"居中对齐"命令（见图 1-17），效果如图 1-18 所示。

　　居中对齐以最后一个选定的对象为基准，如果对齐后的 3 个标签位置偏移较大，可以一起拖动，移动到适当位置。

　　在 3 个控件之外窗体的任意处单击，可以取消 3 个控件的选定状态。

图 1-16 同时选定 3 个标签控件

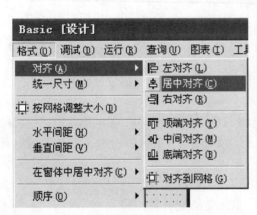

图 1-17 "居中对齐"菜单命令

图 1-18 3 个标签"右对齐"效果

选定多个控件

有时可能需要对多个控件进行操作，例如移动多个控件、对多个控件设置相同的属性等。为了对多个控件进行操作，必须先选择需要操作的控件，通常有两种方法。

方法一：按住 Shift 键，不要松开，然后单击每个要选择的控件。被选择的每个控件的周围有 8 个小方块（在控件框内），表示控件都处于被选定状态。

方法二：把鼠标光标移到窗体中适当位置（没有控件的地方），然后拖动鼠标，画出一个虚线矩形，虚线矩型的控件都被选定。

在被选择的多个控件中，有一个控件的周围是实心小方块（其他为空心小方块），这个控件称为"基准控件"。当对被选择的控件进行对齐、调整大小等操作时，将以"基准控件"为准。

选择了多个控件以后，在属性窗口中只显示它们共同的属性，如果修改其属性值，被选择的所有控件的属性都将作相应改变。

菜 单 栏

Visual Basi 6.0 集成开发环境的菜单栏中显示了"文件"、"编辑"、"视图"、"工程"、"格式"等菜单项，其中包含了 Visual Basic 编程的常用命令。单击菜单栏中的菜单名，即可打开下拉菜单。在下拉菜单中显示了各种功能子菜单，包含执行该功能的快捷键。

8．设置窗体背景图片

单击 Form1 窗体的空白区域，使窗体成为活动对象，此时，窗体四周出现 8 个尺寸柄。

在 Form1 窗体的属性窗口中，找到并单击 Picture 属性名（见图 1-19），此时 Picture 属性值为（None），表示没有指定背景图片。

单击 Picture 属性值右侧的█按钮，在随后弹出的"加载图片"对话框中（见图 1-20），选定图片文件，单击"打开"按钮退出对话框。

背景图片一般在应用程序开发之前，使用相应的图像处理软件制作好后，保存到应用程序的文件夹中。对于大型软件的开发，为有效管理各类文件，需要将图片文件统一保存到应用软件存放文件夹的下一级文件夹中。

背景图片加载效果如图 1-21 所示。

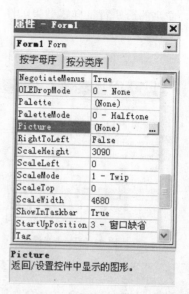

图 1-19 设置窗体的图片背景

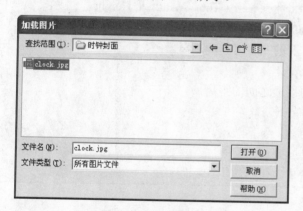

图 1-20 加载背景图片文件

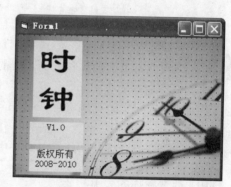

图 1-21 加载背景图片效果

Picture 属性

Picture 属性返回或设置控件中要显示的图片。Picture 的设置值如果是（None），表示没有图片，这是一个默认值；如果是（Bitmap）表示设置了一个位图图片。

BackStyle 属性

BackStyle 属性对于 Label 控件确定控件的背景是否透明，BackStyle 属性值为 0 表示透明，为 1 表示不透明（默认值）。

9．设置文字透明背景

在图 1-21 中，文字的背景样式为非透明，文字背景色与窗体背景图片之间有较大的色差，显得非常不协调，所以文字的透明背景样式在界面开发中经常需要设置。

按住 Ctrl 键，分别单击 3 个标签控件，使 3 个标签控件处于同时选定状态。

在属性窗口中找到并单击"BackStyle"属性名（见图 1-22），此时标签的背景样式为默认值"1-OPaque"，表示为非透明样式。单击右侧的█按钮，选择"0-Transparent"，则标签的背景样式设置为"透明"。

文字的透明背景样式效果如图1-23所示。

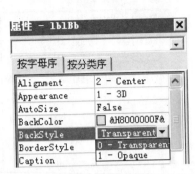

图1-22 设置背景样式

图1-23 透明背景样式效果

调整控件的大小和位置（2）

可以通过在属性窗口中修改某些属性值，来改变控件的大小和位置。

与窗体和控件大小及位置有关的控件属性有 Left、Top、Width 及 Height。

属性：Left

返回或设置对象内部的左边与它的容器的左边之间的距离。

属性：Top

返回或设置对象内顶部和它的容器的顶边之间的距离。

属性：Width

返回或设置对象外部的宽度，对于窗体，包括边框。

属性：Height

返回或设置对象外部的度高，对于窗体，包括边框和标题栏。

10．改变窗体的大小

如果选择的背景图片大小比当前窗体的大小要大，解决方法之一是通过图像处理软件修改背景图片，另外，也可以通过修改当前窗体大小以适应背景图片。

调整窗体大小的方法有两种。

方法一：单击 Form1 窗体，拖动窗体四周的尺寸柄，可以改变窗体的大小。

方法二：在 Form1 窗体的属性窗口中，找到并修改 Height 属性值，可以改变窗体的高度；修改 Width 属性值，可以改变窗体的宽度。Height 属性和 Width 属性决定了对象的大小。

对象名的前缀

应该用一致的前缀来命名对象，使人们容易识别对象的类型。

对象名前缀用唯一的2个或3个字符组成，只有当需要澄清时，才使用多于3个字符的前缀。前缀使对象名标准化，以保持一致性。

前缀名应使用小写字母

虽然 Visual Basic 代码支持大小写混用，但更改窗体或其他模块 Name 属性值的大小写而不更改名称本身，下一次包含该窗体或模块的工程加载时，会造成出现"名称冲突"

的错误。例如，将"Form1"改为"form1"将会引起错误；而将"Form1"改为"formX"则不会。

下面列出了 Visual Basic 支持的一些推荐使用的对象约定。

控 件 类 型	前　　缀	例　子
Check box	chk	chkReadOnly
Combo box, drop-down list box	cbo	cboEnglish
Command button	cmd	cmdExit
Directory list box	dir	dirSource
Drive list box	drv	drvTarget
File list box	fil	filSource
Form	frm	frmEntry
Horizontal scroll bar	hsb	hsbVolume
Image	img	imgIcon
Label	lbl	lblHelpMessage
Line	lin	linVertical
List box	lst	lstPolicyCodes
Option button	opt	optGender
Picture box	pic	picVGA
Shape	shp	shpCircle
Text box	txt	txtLastName
Timer	tmr	tmrAlarm
Vertical scroll bar	vsb	vsbRate

11．窗体的图标

窗体的图标是显示在窗体标题栏左上角的图形或图像，程序运行时，在 Windows XP 操作系统的任务栏中，程序按钮的左侧显示程序的图标。

窗体图标的设置与窗体背景图片设置相似，设置窗体图标是通过 Icon 属性设置实现的，而设置窗体背景图片是通过 Picture 属性设置实现的。

单击 Form1 窗体，在 Form1 窗体的属性窗口中找到 Icon 属性（见图 1-24），单击 Icon 属性值右侧的 ▦ 按钮，在随后弹出的"加载图标"对话框中（见图 1-25），选定图标文件，单击"打开"按钮退出对话框。

和背景图片一样，图标文件一般在应用程序开发之前，使用相应的图像处理软件制作好后，保存到应用程序的文件夹中。本例使用的 MSN.ICO 来自 C:\Program Files\Microsoft Office\OFFICE11 文件夹，如果用户的计算机中没有该文件，可以搜索本地计算机中的其他图标文件来使用，但要注意将选择的图标文件复制到应用程序当前的文件夹。

窗体图标加载效果如图 1-26 所示。

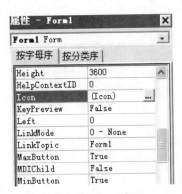

图 1-24 设置窗体的图标

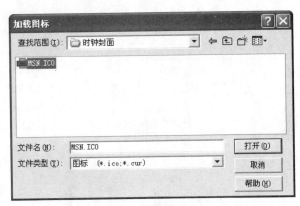

图 1-25 加载图标文件

图 1-26 窗体图标效果

Icon 属性

在 Visual Basic 中，所有窗体都有一个普通的默认图标。图标将出现在窗体的左上角、Windows 任务栏的任务按钮上、"我的电脑"或"资源管理器"中。

设置窗体的 Icon 属性，可以为窗体指定新的图标。

图 标 文 件

图标文件的扩展名为.ICO 或.CUR（以.ICO 为扩展名的居多）。

32 像素×32 像素的图标是 Microsoft Windows 的 16-bit 版本的标准，也可应用在 Winndows 95 和 Windows NT 中，16 像素×16 像素的图标一般用于 Windows 95 中。

12．窗体的名称和标题栏文字

窗体的名称和标题栏文字设置，与前述标签的名称和显示文本的设置在操作上相似。

单击 Form1 窗体，在 Form1 窗体的属性窗口中单击（名称）属性名，修改属性值为"frmFm"；找到 Caption 属性，修改属性值为"欢迎"，结果如图 1-27 所示。

13．运行程序

前面我们在是窗体设计器中设计应用程序界面，下面我们来试试程序运行的结果。

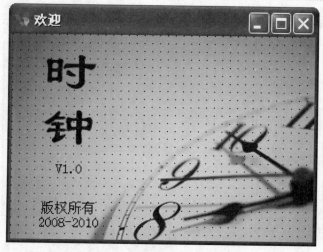

图 1-27　窗体标题栏显示"欢迎"

运行程序的常用方法有 3 种。

方法一：单击"运行"菜单中的"启动"菜单命令（见图 1-28）。

方法二：单击工具栏中的"启动"按钮▶（见图 1-29）。

方法三：按 F5 键。

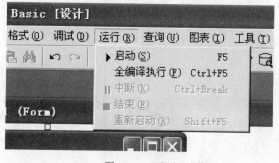

图 1-28　"启动"菜单

图 1-29　"启动"按钮

运行程序的结果如图 1-2 所示，单击窗口标题栏中的"关闭"按钮，或单击工具栏中的■按钮，可以关闭该窗口结束程序运行，返回窗体设计窗口。

工　具　栏

Visual Basic 提供了 4 种工具栏，包括编辑、标准、窗体编辑器和调试，用户可根据需要定义自己的工具栏。一般情况下，集成环境中只显示标准工具栏，其他工具栏可以通过"视图"菜单中的"工具栏"命令打开（或关闭）。

单击工具栏中的某个按钮，即可执行对应的相关操作。

---

14. 保存程序

设计好的应用程序在调试正确以后需要保存，即以文件的方式保存到磁盘上。

单击工具栏中的"保存工程"按钮▥，或选择"文件"菜单中的"保存工程"命令或"工程另存为"命令，系统将弹出"文件另存为"对话框（见图 1-30）。

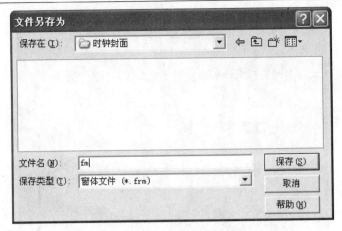

图 1-30   "文件另存为" 对话框

在设置适当的 "保存在" 位置后，输入文件名 "fm"，然后单击 "保存" 按钮，此时保存的是窗体文件。

随后系统弹出 "工程另存为" 对话框，如图 1-31 所示。

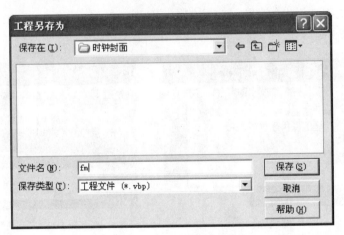

图 1-31   "工程另存为" 对话框

工程文件与本工程相关的其他文件（如 fm.frm）通常保存在同一个文件夹中，所以 "保存在" 位置可以不做设置，在 "文件名" 文本框中输入 "fm" 后，单击 "保存" 按钮。

窗体文件（.frm）

窗体文件存储窗体上使用的所有控件对象、属性、事件过程及程序代码。窗体文件的扩展名为.frm。

工　程

在开发应用程序时，要使用 "工程" 来管理构成应用程序的所有不同的文件。

工程文件（.vbp）

工程文件是与该工程有关的全部文件和对象的清单，同时包含所设置的环境选项方面的信息。工程文件的扩展名为.vbp。

接下来可能出现 "Source Code Control" 源码控制对话框（见图 1-32），单击 "No" 按钮。

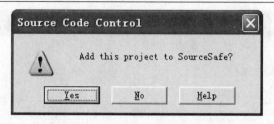

图 1-32　"Source Code Control"对话框

📝 教你一招：关闭 VSS

出现图 1-32 所示对话框是因为用户计算机上安装了 VSS（Visual SourceSafe）软件，VSS是一个微软公司的项目管理工具，当多人开发同一软件项目时用于代码管理，个人开发一般不需要 VSS。关闭 VSS 的方法如下：

"外接程序"菜单→"外接程序管理器..."→找到 source code control 项，单击"在启动中加载"和"加载/卸载"，以去掉加载行为即可。

15. 生成可执行程序

完成后的工程可以转换为可执行文件（.exe），以便用户能在 Windows 环境中运行应用程序。

单击"文件"菜单中的"生成 fm.exe"菜单命令（见图 1-33），在随后出现的"生成工程"对话框中单击"确定"按钮（见图 1-34）。两图中所示的"fm"是与保存工程时所使用的工程文件名"fm"同名。

图 1-33　生成可执行文件的菜单命令

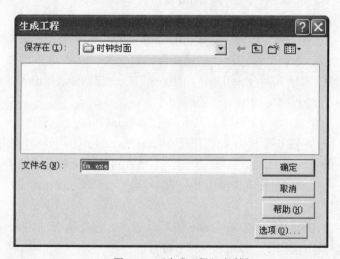

图 1-34　"生成工程"对话框

在程序所保存的文件夹中（见图 1-35），"fm.exe"就是刚才生成的可执行程序文件，双击"fm.exe"就可以运行这个程序。

16. 关闭 Visual Basic 6.0

Visual Basic 6.0 是微软公司的产品，具有与标准 Windows 程序操作上的一致性，用户可以习惯地进行一些常规操作。退出 Visual Basic 6.0 有以下一些方法。

图 1-35　生成的可执行程序文件

　　方法一：单击 Visual Basic 6.0 集成工作界面右上角的"关闭窗口"按钮。

　　方法二：单击"文件"菜单中的"退出"命令。

　　方法三：与其他窗口程序一样，按 Ctrl+F4 组合键关闭文档窗口，按 Alt+F4 组合键关闭程序窗口。

　　方法四：与其他窗口程序相对，退出 Visual Basic 6.0 有一个特殊的组合按钮——Alt+Q。

控件的类型

Visual Basic 的控件通常分为以下 3 种类型。

1. 标准控件（也称内部控件）。在默认状态下工具箱中显示的控件都是内部控件，这些控件被封装在 VB 的 EXE 文件中，不能从工具箱中删除。

2. ActiveX 控件。这类控件单独保存在.ocx 类型的文件中，其中包括各种版本 VB 提供的控件，如公共对话框、动画控件等。另外，还有许多软件厂商提供的 ActiveX 控件。

3. 可插入对象。用户可将 Excel 工作表或 PowerPoint 幻灯片等作为一个对象添加到工具箱中，编程时可根据需要随时创建。

Visual Basic 的历史

微软公司在 1991 年推出了 Visual Basic 1.0，1998 年推出 Visual Basic 6.0。

Visual Basic 的版本

Visual Basic 6.0 包括 3 种版本，分别是学习版、专业版和企业版。3 种版本适合于不同的用户层次。

1. 学习版：Visual Basic 的基础版本，包括所有的内部控件和网格（Grid）控件、Tab 对象以及数据绑定（DataBound）控件。

2. 专业版：为专业编程人员提供了一整套用于软件开发的功能完备的工具。它包括学习版的全部功能，同时包括 ActiveX 控件、Internet 控件、报表等控件。

3. 企业版：可使专业编程人员能够开发功能强大的组内分布式应用程序。该版本包括专业版的全部功能，同时具有自动化管理器、部件管理器、数据库管理工具、VSS 等。

知识链接: Visual Basic 的特点

Visual Basic 是从 BASIC 发展而来的，对于开发 Windows 应用程序而言，VB 是目前所有开发语言中最简单、最容易使用的语言。总的来说，Visual Basic 有以下主要特点。

1. 可视化的设计平台

用传统程序设计语言编程时，需要通过编写程序代码设计用户界面，在设计过程中看不到界面的实际显示效果，必须在运行程序时才能观察到。如果对界面的效果不满意，还要回到程序中修改，这一过程常常需要反复多次，大大影响了软件开发效率。Visual Basic 提供的可视化设计平台，把 Windows 界面设计的复杂性"封装"起来，开发人员不必为界面的设计而编写大量程序代码，只需按照设计的要求，用系统提供的工具在屏幕上画出各种对象即可。Visual Basic 自动产生界面设计代码，程序员只需要编写实现程序功能的那部分代码，从而大大提高了程序设计的效率。

2. 面向对象的设计方法

面向对象的设计方法（Object Oriented Programming，OOP）从应用领域内的问题着手，以直观自然的方式描述客观世界的实体。Visual Basic 作为一种面向对象的编程方法，把程序和数据封装起来作为一个对象，并为每个对象赋予相应的属性。在设计对象时，不必编写建立和描述每个对象的程序代码，而是用工具画在界面上，由 Visual Basic 自动生成对象的程序代码并封装起来。

3. 结构化的设计语言

Visual Basic 是在 BASIC 语言基础上发展起来的，具有高级程序设计语言的语句结构，接近于自然语言和人类的逻辑思维方式，其语句简单易懂。其编辑器支持彩色代码，可自动进行语法错误检查，具有功能强且使用灵活的调试器和编译器。在设计 Visual Basic 程序的过程中，随时可以运行程序，而在整个应用程序设计好之后，可以编译生成.exe 可执行文件，.exe 文件可脱离 Visual Basic 环境直接在 Windows 环境下运行。

4. 事件驱动的编程机制

Visual Basic 通过事件来执行对象的操作，例如命令按钮是一个对象，当用户单击该按钮时，将产生一个单击事件，而在产生该事件时执行一段程序，用来实现指定的操作。在用 Visual Basic 设计应用程序时，不必建立具有明显开始和结束的程序，而是编写若干个微小的子程序，即过程。这些过程分别面向不同的对象，由用户操作引发某个事件来驱动完成某种特定功能，或由事件驱动程序调用通过过程执行指定的操作。

5. 充分利用 Windows 资源

Visual Basic 提供的动态数据交换（Dynamic Data Exchange，DDE）编程技术，可以在应用程序中实现与其他 Windows 应用程序建立动态数据交换，在不同的应用程序之间进行通信。对象链接与嵌入（Object Linking and Embedding，OLE）技术将程序都看作一个对象，把不同的对象链接起来，嵌入到某个应用程序中，从而可以得到具有声音、影像、图像、动画、文字各种信息的集合式文件。动态链接库（Dynamic Link Libraries，DLL）技术将 C/C++或汇编语言编写的程序加入到 Visual Basic 的应用程序中，或是调用 Windows 应用程序接口（Application Programming Interface，API）函数，实现 SDK（Software Development Kit）所具有的功能。

6. 开放的数据库功能与网络支持

Visual Basic 具有很强的数据库管理功能，不仅可以管理 MS Access 格式的数据库，还能访问其他如 FoxPro 等格式的数据库。同时 VB 还提供了开放式数据连接（Open DataBase Connectivity，ODBC）功能，可以通过直接访问或建立连接的方式使用并操作后台大型网络数据库，如 SQL Server 等。在应用程序中，可以使用结构化查询语言（Structured Query Language，SQL）直接访问 Server 上的数据库，并提供简单的面向对象的库操作命令、多用户数据库的加锁机制和网络数据库的编程技术，为单机上运行的数据库提供 SQL 网络接口，以便在分布式环境中快速而有效地实现客户/服务器（Client/Server）方案。

知识拓展：如何得到帮助？

Visual Basic 联机帮助是一个完善的帮助系统，可以连到互联网上有关的 Visual Basic 站点。用户可按下 F1 键，查看与当前进行的工作相关的帮助。

1. 启动 MSDN

在编写程序中，有时会遇到一些疑问。例如，某个控件的使用方法，某个方法、事件或者函数的用途与应用方法等。为了解决这类疑问，微软公司提供了 MSDN。MSDN 全名为 Microsoft Developer Network，MSDN 有上千兆字节的内容，是微软公司为开发人员提供的所需的工具、技术、培训、信息、事件、示例代码、技术文章和其他一些技术资料。

安装好 MSDN 后，单击"开始"→"所有程序"→ "Microsoft Developer Network"→ "MSDN Library Visual Studio 6.0" 菜单命令，即可启动 MSDN Library Visual Studio 6.0。

2. 获取控件的联机帮助

更常用的方法是在编程时通过联机帮助来使用 MSDN。要获取控件的联机帮助，可在窗体中选取相应控件，再按 F1 键；要获取方法、函数或事件的相关帮助，则在"代码"窗口中选中方法、函数或事件的关键字，再按 F1 键。此时，系统会自动查找并打开相关帮助信息。

1.2 关于时钟

在具有 Windows 风格的应用软件中，菜单栏的最后一个菜单一般是"帮助"菜单，其中都有一个"关于"菜单命令。如 Windows XP 操作系统中，"我的电脑"的帮助菜单中有一个"关于 Windows"菜单命令，单击后界面如图 1-36 所示。

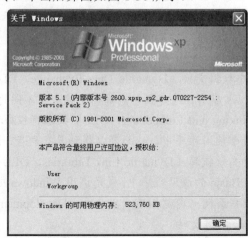

图 1-36　关于 Windows

一、项目描述

"关于"是英文"About"的汉译。"关于"窗口与软件封面的区别是：软件封面是应用软件启动时出现，一般在应用软件主窗口启动后自动关闭；"关于"窗口是用于应用软件运行之后向用户提供软件版本、授权等信息，一般需要用户单击"关闭"按钮才能关闭窗口。本节学习制作一款"关于时钟"的对话框（见图1-37）。

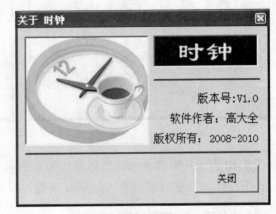

图 1-37 "关于时钟"的对话框

二、项目分析

本项目相对前一项目"时钟封面"主要的区别是：增加了一个"关于"按钮和图片框，其次是增加了直线、标签及窗口标题栏的变化。

三、项目实现

准备工作

在本项目的示例开始之前，先在 D 盘中建立一级文件夹"关于时钟"，并在此文件夹中复制一个图像文件（151 像素×128 像素）作为本项目中的图片使用。

1. 添加图片

启动 Visual Basic 6.0 后，当前窗体大小使用系统默认值。

双击控件箱中的图片框控件图标 （见图1-38），在窗体上添加图片框控件，适当调整图片框控件大小如图1-39所示。

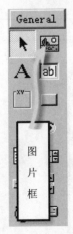

图 1-38 控件箱中的图片框控件图标

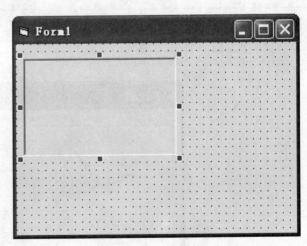

图 1-39 插入图片框控件

选择图片框控件，在属性窗口中找到 Picture 属性，单击其右侧的 ... 按钮，在随后弹出的加载图片对话框中选择作为图片的文件，结果如图1-40所示。

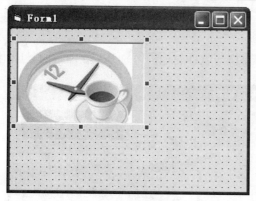

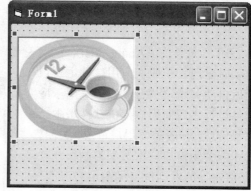

图 1-40　加入图片

图 1-41　图片框大小自动调整

图 1-40 中图片框的大小和具体图片的大小不一致，需要调整图片框的大小。

在图片框属性窗口中找到 AutoSize 属性，设置其值为 True。效果如图 1-41 所示。

✕ 小技巧：删除图片框中的图片

在属性窗口中找到 Picture 属性，删除 Picture 属性单元格中的"（Bitmap）"即可。

2．添加文字

在窗体上添加 4 个标签控件，所添加的标签控制的属性如表 1-2 所示，将 lblBb 标签控件、lblZz 标签控件与 lblBq 标签控件右对齐，再将 lblSz 标签控件与 lblBq 标签控件居中对齐，结果如图 1-42 所示。

表 1-2   标签控件属性表

控件名	Caption	Font	AutoSize
lblSz	时钟	隶书、常规、一号	True
lblBb	版本号:V1.0	宋体、常规、五号	True
lblZz	软件作者：高大全	宋体、常规、五号	True
lblBq	版权所有：2008—2010	宋体、常规、五号	True

注：软件作者的名称"高大全"可以改为自己的姓名。

图 1-42　添加 4 个标签

选择 lblSz 标签控件，在属性表中找到 BackColor 属性，单击属性值右侧的 ▼ 按钮，单击"调色板"选项卡，在其中选择一种颜色作为 lblSz 标签控件的背景色（见图 1-43）。

图片框（PictureBox）控件

PictureBox 控件可以显示来自位图（.bmp）、图标（.ico）、元文件（.wmf）、增强的元文件（.emf）、JPEG 或 GIF 文件的图形图像。如果控件不足以显示整幅图像，则裁剪图像以适应控件的大小。

与窗体（Form）控件一样，PictureBox 控件也是一种能够容纳其他控件的容器。

AutoSize 属性

AutoSize 属性决定控件是否自动改变尺寸以适应其内容。

复 制 控 件

如果想建立几个大小一样的同类控件时，可以采用复制的方法。

先选择需要复制的控件，单击"编辑"菜单中的"复制"命令，或者单击工具栏中的"复制"按钮，或者用鼠标右键单击需要复制的控件，在快捷菜单中选择"复制"命令，或者按 Ctrl+C 组合键。

然后在需要复制的控件上用鼠标右键单击，在快捷菜单中选择"粘贴"命令，或者选择"编辑"菜单中的"粘贴"命令，或者单击工具栏中"粘贴"按钮，或者按 Ctrl+V 组合键。当系统提示是否创建控件数组时，选择"否"。

注意：复制、粘贴操作所创建的控件与原控件大小一样，并放在窗体左上角。

在 lblSz 标签控件属性表中找到 BorderStyle 属性，单击属性值右侧的 ▼ 按钮，选择"1-Fixed Single"（见图 1-44）。

图 1-43　设置背景

图 1-44　边框样式

在 lblSz 标签控件属性表中找到 ForeColor 属性，单击属性值右侧的 ▼ 按钮，单击"调色板"选项卡，在其中选择一种颜色作为 lblSz 标签控件的前景色（见图 1-45），结果如图 1-46 所示。

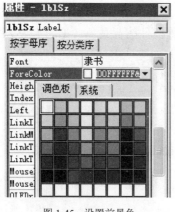

图 1-45　设置前景色

图 1-46　修饰"时钟"标签

颜 色 值

颜色值表示为 RGB 值。可以用十六进制数按照下述语法来指定颜色：&HBBGGRR&。

BB 指定蓝颜色的值，GG 指定绿颜色的值，RR 指定红颜色的值。每个数段都是两位十六进制数，即从 00 到 FF，中间值是 80。因此，下面的数值是这 3 种颜色的中间值，指定了灰颜色：&H808080&。

将最高位设置为 1，就改变了颜色值的含义：颜色值不再代表一种 RGB 颜色，而是一种从 Windows "控制面板"指定的环境范围颜色。例如，ForeColor 属性表示为：

ForeColor =&H80000002&

Visual Basic 也可以读 QBColor 值，当加载窗体时，将它们变为 RGB。用 QBColor 值必须用这样的语法：ForeColor = QBColor(qbcolor)，这里 qbcolor 是从 0～15 的值。

还可以使用内部常数，如 BackColor = vbRed。

先选择图片控件，然后按住 Shift 键不动，再选择 lblBq 标签控件，单击"格式"菜单中"对齐"菜单项的"底端对齐"命令（见图 1-47）。结果如图 1-48 所示，后选择的 lblBq 标签控件不动，先选择的图片控件的底端向 lblBq 标签控件的底端对齐。

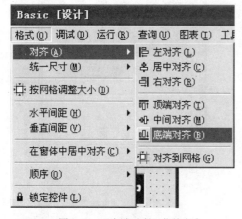

图 1-47　"底端对齐"菜单命令

图 1-48　底端对齐效果

先选择 lblSz 标签控件，然后按住 Shift 键不动，再选择图片控件，单击"格式"菜单中"对齐"菜单项的"顶端对齐"命令。结果后选择的图片控件不动，先选择的 lblSz 标签控件的顶端向图片控件的顶端对齐（见图 1-49）。

先选择 lblSz 标签控件，然后按住 Shift 键不动，再选择 lblBq 标签控件，单击"格式"菜单中"统一尺寸"菜单项的"宽度相同"命令（见图 1-50），后选择的 lblBq 标签控件宽度不变，先选择的 lblSz 标签控件的宽度设置为与 lblBq 标签控件相同。

图 1-49　顶端对齐效果

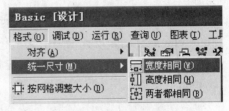

图 1-50　统一宽度的菜单命令

将 lblSz 标签控件与 lblBq 标签控件左对齐，并设置 lblSz 标签控件的 Alignment 属性值为"2-Center"，结果如图 1-51 所示。

3．添加线条

双击控件箱中的直线控件的图标 （见图 1-52），在窗体上添加直线控件。拖动直线控件两端的小方块，调整为水平线，然后设置直线控件与 lblSz 标签控件左对齐和宽度相同，如图 1-53 所示。

图 1-51　统一宽度效果

图 1-52　控件箱中的直线控件图标

图 1-53　添加直线控件

单击控件箱中的直线控件图标，然后在窗体上画水平直线（或垂直直线），在系统默认状态下，是可以画出水平直线（或垂直直线）的。但是，直线控件经过多次调整大小、移动位置、与其他控件对齐或统一尺寸等操作之后，再拖动直线控件两端的小方块时，有时会出现不能调整出水平直线或垂直直线的情况，如图 1-54 所示。

> ### 属性：BackColor
> BackColor 设置窗体的背景颜色。默认时为系统颜色中的按钮表面颜色。属性窗口提供了"调色板"和"系统"两种模式，单击调色板中的某个色块，即可把这种颜色设置为窗体的背景颜色。
>
> ### 属性：ForeColor
> ForeColor 属性用来设置窗体中文本和图形的前景颜色，设置方法与 BackColor 属性相同。
>
> ### 标签的 BorderStyle 属性
> BorderStyle 属性用于设置边框样式，对于标签，BorderStyle 属性默认值为 0，如果设置为 1，那么标签就有了一个边框，看起来像一个文本框；对于文本框，BorderStyle 属性默认值为 1，如果设置为 0，那么文本框就没有边框了，看起来像一个标签。
>
> ### 直线（Line）控件
> 直线控件用来在窗体、框架或图片框中创建简单的线段。可控制 Line 控件的位置、长度、颜色和样式来自定义应用程序的外观。Line 控件功能有限，只用来完成简单的任务，即显示和打印。例如，不能把直线段连接成其他图形。要完成高级的功能，应使用 Line 方法。
>
> ### X1、X2、Y1、Y2 属性
> 在运行时，可更改直线控件的 X1、X2、Y1、Y2 属性来移动控件或调整直线控件的大小。用 X1 和 Y1 属性设置直线控件左端点（起点）的水平位置和垂直位置。用 X2 和 Y2 属性设置直线控件右端点（终点）的水平位置和垂直位置。
>
> 不能用 Move 方法移动直线。

单击直线控件，在属性表中找到 Y1、Y2 属性，如图 1-55 所示，将 Y1 与 Y2 的属性值设置为相同值，就可以将直线控件调整为水平线，本例将 Y2 属性值设置为"960"。

图 1-54　有时直线控件无法调整为水平线

图 1-55　直线控件属性窗口

同理，如果将 X1、X2 属性值设置为相同值，可以将直线控件调整为垂直线。

在直线控件 Line1 的属性窗口中，设置边框颜色 BorderColor 为红色，再设置边框宽度 BorderWidth 为 2。

在图片框和标签下方再添加一条直线控件 Line2，BorderColor 为红色，边框宽度 BorderWidth 为 2，结果如图 1-56 所示。

注意：直线控件 Line1 是一种没有宽度属性的控件，在其属性窗口中没有 Width 属性。

图 1-56　设置直线控件颜色和宽度

Line 控件的 BorderStyle 属性

Line 控件的 BorderStyle 属性提供 6 种直线样式：

0-透明；　　　　　　1-实线（默认值），边框处于形状边缘的中心；

2-虚线；　　　　　　3-点线；

4-点划线；　　　　　5-双点划线；

6-内实线，边框的外边界就是形状的外边缘。

BorderColor 属性

返回或设置对象的边框颜色，给形状控件边框设置颜色。

BorderWidth 属性

返回或设置控件边框的宽度，用来指定直线和形状控件轮廓线的粗细。

4．添加按钮

双击控件箱中的命令按钮的图标　（见图 1-57），在窗体上添加命令按钮控件，适当调整命令按钮控件的垂直位置，然后与 lblSz 标签控件右对齐，如图 1-58 所示。

图 1-57　控件箱中的命令按钮图标

图 1-58　添加命令按钮控件

在命令按钮控件 Command1 的属性窗口中，将 Caption 属性的默认属性值 "Command1" 改为 "关闭"。在窗体设计器中命令按钮控件上显示的文本变为 "关闭"，如图 1-59 所示。

图 1-59 修改命令按钮控件上显示的文本

命令按钮（CommandButton）控件

命令控件被用来启动、中断或结束一个进程。

大多数 Visual Basic 应用程序中都有命令按钮，用户可以单击按钮执行操作。单击时，按钮不仅能执行相应的操作，而且看起来就像是被按下和松开一样。

注意：如果用户试图双击命令按钮控件，则其中每次单击都将被分别处理，即命令按钮控件不支持双击事件。

Click 事件

鼠标单击对象时将触发对象的 Click 事件，并调用已写入 Click 事件过程中的代码。

Style 属性

返回或设置一个值，该值用来指示控件的显示类型和行为。

对于命令控件，可以通过 Picture 属性设置命令按钮的背景图片，但要在命令按钮上显示图片，必须将 Style 属性设置为 1，命令按钮控件以图形的样式显示；Style 属性默认值为 0，命令按钮显示为标准的、没有相关图形的样式。

5．添加代码

双击命令按钮控件，系统将打开代码窗口，如图 1-60 所示。

注意，第一行和第三行代码是系统自动生成的。在代码窗口中的第二行输入代码：

```
End
```

然后双击代码窗口右上角的 "关闭" 按钮，关闭代码窗口。

在窗体设计器中，命令按钮的事件过程是不起作用的，要验证刚才输入的代码的作用，必须在运行状态中测试。

单击工具栏中的 "启动" 按钮 ▶ ，或按 F5 键，在运行状态的窗口中，单击 "关闭" 命令按钮，可关闭该窗口结束程序运行，返回窗体设计窗口。

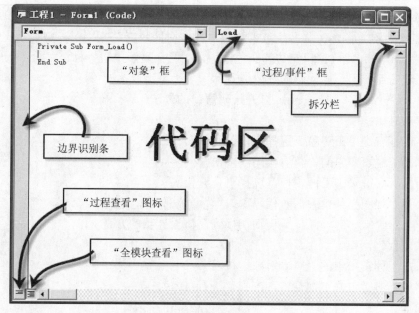

图 1-60 代码窗口

小技巧：快速添加代码

代码窗口的代码区具有自动列出成员特性，能够自动列举适当的选择、属性值、方法或函数原型等性能。

当输入控件属性和方法时，在控件名后输入小数点，就会显示一个下拉列表框，其中包含了该控件的所有成员(属性和方法)。依次输入属性名的前几个字母，系统会自动检索并显示出需要的属性。也可通过鼠标，从列表中选中该属性名，按 Tab 键完成这次输入。当不熟悉控件有哪些属性时，这项功能是非常有用的。

代码窗口
代码窗口又称为代码编辑器，是编写 Visual Basic 应用程序的代码的文本窗口。 代码由语句、常数和声明部分组成。 使用"代码编辑器"窗口，可以快速查看和编辑应用程序代码的任何部分，并且在它们之间做复制、粘贴等操作。 在代码窗口中有"代码区"、"对象下拉列表框"、"过程下拉列表框"等部件。 • 代码区：是代码编辑区，能够非常方便地进行代码的编辑和修改。 • "对象"框：列出了当前窗体及所包含的全体对象名。单击列表框右边的箭头，显示和该窗体有关的所有对象的清单。其中，无论窗体的名称改成什么，作为窗体的对象名总是 Form。 • "过程/事件"框：列出了所选对象的所有过程或事件名称。当选择了一个事件，则与事件名称相关的事件过程，就会显示在代码窗口中。 • 拆分栏：将拆分栏向下拖放，可以将代码窗口分隔成两个水平窗格，两者都具有滚动条，这样可以在同一时间查看代码中的不同部分。将拆分栏拖放到窗口的顶部或下端，或者双击拆分栏，都可以关闭一个窗格。

- "全模块查看"图标：在同一个代码窗口中可以显示模块中全部的过程。
- "过程查看"图标：显示所选的过程，同一时间只能在代码窗口中显示一个过程。
- 边界标识条：代码窗口左边的灰色区域，在此会显示出边界标识。断点操作时，在需要设置或删除断点的那一行代码的左边边界标识条上单击鼠标即可。

打开代码窗口的方法

（1）双击对象。
（2）用鼠标右键单击对象，选择"代码窗口"。
（3）单击工程窗口中的"查看代码"按钮。
（4）用鼠标右键单击工程窗口，选择"查看代码"。
（5）选择"视图"菜单中的"代码窗口"。

从代码窗口切换到窗体设计器的方法

（1）关闭代码窗口。
（2）单击工程窗口中的"查看对象"按钮。
（3）用鼠标右键单击工程窗口，选择"查看对象"。
（4）选择菜单栏中"视图"菜单中的"对象窗口"命令。
（5）按 Shift+F7 组合键。

窗体布局窗口

Visual Basic 集成环境中右下角是窗体布局窗口，窗体布局窗口中有一个表示屏幕的小图像，用来布置应用程序中各窗体的位置，用鼠标拖动窗体布局窗口中的小窗体图标，可方便地调整程序运行时窗体在屏幕上显示的位置。

另外，在 Visual Basic 集成环境中还有立即窗口、本地窗口、监视窗口等。

6. 设置窗体

在窗体设计窗口中，单击窗体 Form1 任意空白处，可以选定窗体，然后设置如表 1-3 所示的属性值。

表 1-3　　　　　　　　　　　　　　　窗体属性表

属　　性	属　性　值
名称	frmAbout
Caption	关于 时钟
BorderStyle	4-Fixed ToolWindow
Moveable	False
ShowInTaskbar	True
StartUpPosition	2-屏幕中心

7. 运行程序

在上述窗体属性设置的过程中，可以边设置边运行，及时查看运行的效果。

例如，将 BorderStyle 设置为"4-Fixed ToolWindow"后，运行程序，看看能否修改窗口大小，如果设置为其他属性值，结果又有什么区别？

再如 BorderStyle 属性设置之前，窗体运行时在任务栏中显示任务按钮，但当 BorderStyle 设置为"4-Fixed ToolWindow"后，窗体运行时在任务栏中将不显示任务按钮。窗体是否在任务栏显示任务按钮，由窗体的"ShowInTaskbar"属性决定。

8．保存程序

保存本项目窗体文件为 About.frm，工程文件为 About.vbp，并生成 About.exe，最后在 Windows 系统中运行 About.exe。

窗体的 BorderStyle 属性	
窗体的 BorderStyle 属性提供以下 6 种边框样式。	

属 性 值	描　　　述
0	无（没有边框或与边框相关的元素）
1	固定单边框。可以包含控制菜单框、标题栏、"最大化"按钮和"最小化"按钮。只有使用最大化和最小化按钮才能改变大小
2	（缺省值）可调整的边框。可以使用属性值 1 列出的任何可选边框元素重新改变尺寸
3	固定对话框。可以包含控制菜单框和标题栏，不能包含最大化和最小化按钮，不能改变尺寸
4	固定工具窗口。不能改变尺寸。显示关闭按钮并用缩小的字体显示标题栏。窗体在任务条中不显示
5	可变尺寸工具窗口。可变大小。显示关闭按钮并用缩小的字体显示标题栏。窗体在任务条中不显示

事　件

事件就是对象上所发生的事情。在 Visual Basic 中，事件是预先定义好的、能够被对象识别的动作，如 Click（单击）、DblClick（双击）、Load（装载）、MouseMove（移动鼠标）等。不同的对象能够识别不同的事件。当事件由用户触发（如 Click）或由系统触发（如 Load）时，对象就会对该事件做出响应。

许多事件伴随其他事件发生。例如，在 DblClick 事件发生时，MouseDown、MouseUp 和 Click 事件也会发生。

事 件 过 程

响应某个事件后所执行的操作通过一段程序代码来实现，这样的代码叫做事件过程。

一个对象可以识别一个或多个事件，因此可以使用一个或多个事件过程对用户或系统的事件做出响应。

事件过程由对象的实际名称（Name 属性中所指定的）、下划线（_）和事件名组合而成。例如，在单击一个名为 Commands1 的命令按钮时调用的 Click 事件过程，可称为 Command1_Click 事件过程。

MaxButton 属性

返回一个值，标识一个窗体是否具有"最大化"按钮。

当窗体的 MaxButton 属性值为 True（默认值）时，窗体具有最大化按钮；当 MaxButton 属性值为 False 时，窗体没有最大化按钮。

MinButton 属性

返回一个值，标识一个窗体是否具有"最小化"按钮。

当窗体的 MinButton 属性值为 True（默认值）时，窗体具有最小化按钮；当 MinButton 属性值为 False 时，窗体没有最小化按钮。

最小化按钮能够将窗体窗口最小化为图标。

ControlBox 属性

返回或设置一个值，指示在运行时控制菜单框是否在窗体中显示。

当窗体的 ControlBox 属性值为 True（默认值）时，窗体在运行时显示控制菜单框；当 ControlBox 属性值为 False 时，窗体在运行时删除控制菜单框。

为 MaxButton、MinButton、BorderStyle 和 ControlBox 属性指定的设置值直到运行时才能在窗体的外观上反映出来。

Moveable 属性

返回或设置一个值，该值指定了对象是否可移动。

当对象的 Moveable 属性值为 True（默认值）时，在窗体运行时可移动对象；当 Moveable 属性值为 False 时，在窗体运行时不可移动对象。

ShowInTaskbar 属性

返回或设置一个值，该值决定一个 Form 对象是否出现在任务栏中。该值在运行时为只读状态。

当窗体的 ShowInTaskbar 属性值为 True（默认值）时，窗体在运行时出现在任务栏中；当 ShowInTaskbar 属性值为 False 时，窗体在运行时不出现在任务栏中。

经常在应用程序中使用 ShowInTaskbar 属性，使对话框不出现在任务栏中。

StartUpPosition 属性

返回或设置一个值，指定对象首次出现时的位置。

可用 StartUpPosition 4 个属性值中的一个：

0-没有指定初始设置值；　　　1-UserForm 所属的项目中央；
2-屏幕中央；　　　　　　　　3-屏幕的左上角。

语句

Visual Basic 中的语句是执行具体操作的指令，每个语句以回车键（Enter）结束。

一个完整的程序语句可以简单到只有一个关键字，如 End。

结束语句：End

End 语句通常用来结束一个程序的执行。其格式为：

```
End
```

当在程序中执行 End 语句时，将终止当前程序，重置所有变量，并关闭所有的数据文件。End 语句除了用来结束程序外，在不同的环境下还有其他用途，例如：

```
End Sub                                    '结束一个 Sub 过程
```

注释语句：Rem

为了提高程序的可读性，通常在程序的适当位置加上必要的注释。Visual Basic 中的注释语句是"Rem"或一个撇号"'"，其格式为：

```
Rem    注释内容
```

或

```
' 注释内容
```

说明：（1）注释语句是非执行语句，仅对程序的有关内容起注释作用，它不被解释和编译。在 Rem 关键字与注释内容之间要加一个空格。例如：

```
Rem 这是一个标题
```

'这是一个标题

（2）任何字符都可以放在注释行中作为注释内容。注释语句通常放在过程、模块的开头作为标题，也可以放在执行语句的后面。在这种情况下，注释语句必须是最后一个语句，且Rem 前必须用冒号（：）与语句隔开。但若用撇号，则在其他语句后不必加冒号。例如：

Text1.text="Good morning!"   'This is a test

Text1.text="Good morning!":   Rem This is a test

（3）注释语句不能放在续行符的后面。

暂停语句：Stop

Stop 语句用来暂停程序的执行，使用 Stop 语句，就相当于执行"运行"菜单中的"中断"命令。其格式为：

Stop

Stop 语句的主要作用是把解释程序置为中断模式，以便对程序进行检查和调试。可以在程序中的任何地方设置 Stop 语句，当执行 Stop 语句时，将自动打开立即窗口。

一旦应用程序通过编译并能运行，则不需要解释程序的辅助，也不需要进入中断模式。因此，程序调试结束后，生成可执行文件之前，应删去代码中所有的 Stop 语句。

1.3 用 户 登 录

为了管理用户个人信息，保护个人数据的安全，很多应用软件都要求用户提交账号和密码，这就需要一个用户登录的界面，图 1-61 所示为 QQ 用户登录界面。

一、项目描述

本节学习制作一款"用户登录"的窗口（见图 1-62）。本项目要求用户输入账号和密码（输入时密码显示为"*"），单击"登录"按钮时，显示用户输入的信息（显示时用户密码以明码显示）。

图 1-61　用户登录界面

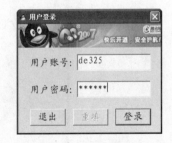

图 1-62　用户登录窗口

二、项目分析

本项目用文本框接受用户输入的数据，"重填"按钮和"登录"按钮通过代码设置是否响应用户的操作（即可用性），窗口上部使用图像控件显示图像文件。

本项目暂不对用户账号和密码进行校验，将在后续章节中介绍，因为这需要进一步的编程知识。

三、项目实现

准备工作

在本项目的示例开始之前，先在 D 盘中建立一级文件夹"用户登录"，并在此文件夹中复制一个图像文件（324 像素×47 像素）作为本项目中的图片使用，再复制一个图标文件（24 像素×24 像素或 16 像素×16 像素）作为本项目的图标使用。

1．设置窗体

启动 Visual Basic 6.0，在窗体设计窗口中，单击窗体 Form1 任意空白处，以选定窗体，然后设置如表 1-4 所示的属性值。

表 1-4   窗体属性

属　　性	属　性　值
名称	frmLogin
BorderStyle	3-Fixed Dialog
Caption	用户登录
Font	楷体_GB2312、常规、四号
Height	3600
Icon	当前文件夹中的图标文件
ShowInTaskbar	True
StartUpPosition	2-屏幕中心
Width	4500

窗体属性设置后的效果如图 1-63 所示。

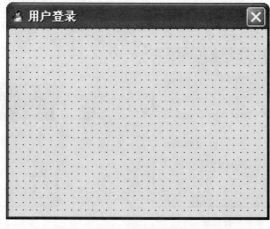

图 1-63   设置窗体

2．添加图像

双击控件箱中的图像控件图标 ![icon](（见图 1-64），在窗体上添加图像控件如图 1-65 所示。

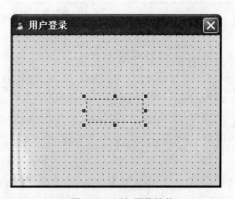

图 1-64　控件箱中的图像控件图标　　　　　　　　　图 1-65　添加图像控件

　　选择图像控件，在图像控件的属性窗口中设置图像控件的 Picture 属性，添加图像，图像控件的大小将自动适应图像文件的大小而变化，结果如图 1-66 所示。

　　在图像控件的属性窗口中设置 Left 属性的属性值为"0"，Top 属性的属性值为"0"，将图像控件的左主角定位到窗体容器的左上角，如图 1-67 所示。

图 1-66　添加图像　　　　　　　　　　　　　图 1-67　定位图像到左上角

　　在图像控件的属性窗口中设置 Width 属性值为 4 500，即指定图像控件的宽度与窗体一致，如果此时图像文件的宽度大于图像控件的宽度，则图像文件右侧的图像内容将不显示。

　　再设置 Stretch 属性的属性值为"True"，图像控件中的图像将根据图像控件的大小自动调整以适应图像控件的大小（见图 1-68）。

图 1-68　图像适应图像控件

图像（Image）控件

Image 控件用来显示来自位图（.bmp）、图标（.ico）、元文件（.wmf）、增强的元文件（.emf）、JPEG 或 GIF 文件的图形图像。

Image 控件使用较少的系统资源，重画比 PictureBox 控件要快，但是它只支持 PictureBox 控件的一部分属性、事件和方法。

Image 控件用 Stretch 属性确定是否缩放图形来适应控件大小。

虽然可以把 Image 控件放在容器里，但是 Image 控件不能作为容器。

Stretch 属性

返回或设置一个值，用来指定一个图形是否要调整大小，以适应与 Image 控件的大小。

Stretch 属性值为 True 时，表示图形要调整大小以与控件相适合；属性值为 False（默认值）表示控件要调整大小以与图形相适。注意：如果 Stretch 属性值被设置为 True，那么，控件大小的调整使得它所包含的图形的大小也要调整。

3．添加文字

在窗体中添加两个标签控件，标签控件的属性值如表 1-5 所示，结果如图 1-69 所示。

表 1-5   标签控件属性

控 件 名	Caption	AutoSize	Left	Top
lblZh	用户账号：	True	360	1000
lblMm	用户密码：	True	360	1800

图 1-69   添加文字

由于前面对窗体中的 Font 属性已经设置为"楷体_GB2312、常规、四号"，所以在添加标签控件时，标签控件的 Font 属性自动设置为与窗体的 Font 属性值相同。

数 据

描述客观事物的数、字符以及所有能输入到计算机中并被计算机程序加工处理的符号的集合称为数据。数据是计算机程序处理的对象，运算产生的结果也是数据。

数 据 类 型

为了更好地处理各种各样的数据，Visual Basic 提供了系统定义的数据类型。基本数据类型有字符串型数据、数值型数据、日期、布尔、变体数据类型等。

字符串型数据

字符串（String）型数据是指一切可打印的字符和字符串，它是用双引号括起来的若干个字符，如控件名、标题内容等。

数值型数据

数值型数据指可以参加数学运算的数据，如控件的宽度值、高度值等。

逻辑型数据

逻辑型数据又称为布尔（Boolean）型数据，是一个逻辑值，它有两种取值，即真（True）或假（False）。任何只有两种状态的数据，如"True/False"、"Yes/No"、"On/Off"等，都可以表示为布尔型。

日期型数据

日期（Date）型数据用来表示日期和时间，用两个"#"符号把表示日期和时间的值括起来。例如，#10/28/2007#、#11/18/2007 10:46:01 pm#等。

变体型数据

变体（Variant）型数据是一种可变的数据类型，可以表示任何值，包括数值、字符串、日期等。

---

4. 添加文本框

双击控件箱中的文本框控件图标 |abl|（见图 1-70），在窗体上添加两个文本框控件。文本框控件的属性值如表 1-6 所示，结果如图 1-71 所示。

图 1-70 控件箱中的文本框控件图标　　　　　图 1-71 添加文本框

表 1-6　　　　　　　　　　　　　　　文本框控件属性

控件名	Text	Left	Top	PasswordChar	MaxLength	Height	Width
txtZh		1800	900		20	495	2300
txtMm		1800	1700	*	8	495	2300

注：表中 Text 属性值设置为空，在添加文本框控件时，系统默认为"Text1"和"Text2"，删除这两个默认值。

与前面标签的 Font 属性一样，由于前面对窗体中的 Font 属性已经设置为"楷体_GB2312、常规、四号"，所以在添加文本框控件时，文本框控件的 Font 属性自动设置为与窗体的 Font

属性值相同。

文本框（TextBox）控件

文本框是一种经常使用的控件，可以由用户输入文本或显示文本。一般用于从用户处获得输入，例如口令、文件名或其他文本。

文本框可以是单行或多行的。当需要从用户处得到少量文本时，使用单行文本框；如果要生成一个简单文本编辑器，则应使用多行文本框。

Label 和 TextBox 控件是用于显示和输入文本的。让应用程序在窗体中显示文本时使用 Label，允许用户输入文本时使用 TextBox。Labels 中的文本为只读文本，而 TextBox 中的文本为可编辑文本。

常见属性：Text

文本框的 Text 属性返回或设置编辑域中的文本。

在设计时，Text 属性的默认值为文本框控件的 Name 属性。

单行文本框控件的 Text 属性值最多可以有 2 048 个字符，多行文本框最大限制大约是 32K（具体值根据计算机内存情况有所变化）。

5．添加命令按钮

双击控件箱中的命令按钮的图标▆▆，在窗体上添加两个命令按钮控件。命令按钮控件的属性值如表 1-7 所示，结果如图 1-72 所示。

表 1-7   命令按钮控件属性表

控件名	Caption	Cancel	Default	Left	Top	Height	Width	Enable
cmdExit	退出	True	False	360	2520	495	1100	True
cmdCt	重填	False	False	1680	2520	495	1100	False
cmdLogin	登录	False	True	3000	2520	495	1100	True

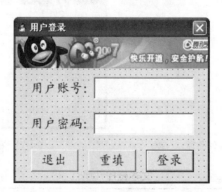

图 1-72　添加命令按钮

与前面的标签、文本框的 Font 属性一样，在添加命令按钮控件时，命令按钮控件的 Font 属性自动设置为与窗体的 Font 属性值相同。

Default 属性

在每个窗体上面可选择一个命令按钮作为默认按钮，也就是说，不管窗体上的哪个控件有焦点，只要用户按 Enter 键，就已单击这个默认按钮。

为了指定一个"默认按钮",应将其 Default 属性设置为 True。

在一个窗体上,只能有一个命令按钮的 Default 属性可以设置为 True。按下 Enter 键就调用默认命令按钮的 Click 事件。

Cancel 属性

在每个窗体上面可选择一个命令按钮作为取消按钮。在把命令按钮的 Cancel 属性设置为 True 后,不管窗体的哪个控件有焦点,按 Esc 键,就已单击此取消按钮。

为了指定一个"取消按钮",应将其 Cancel 属性设置为 True。

在一个窗体上,只能有一个命令按钮的 Cancel 属性可以设置为 True。按下 Esc 键调用"取消"命令按钮的 Click 事件。

常用属性:Enabled

有时候需要使对象无效。例如,当 Visual Basic 的"查找"对话框第一次显示时,"查找下一个"按钮应无效。设置对象的 Enabled 属性为 False,可以使其无效。

常用属性:Visible

返回或设置一指示对象为可见或隐藏的值。

当对象的 Visble 属性值为 True(默认值)时,对象是可见的;为 False 时,对象是隐藏的。

要在启动时隐藏一个对象,在设计时将 Visible 属性设置为 False。在代码中设置该属性能够在运行时隐藏,然后又重新显示控件以响应某特别事件。

6. 添加两个隐藏的标签

在窗体中添加两个标签控件,标签控件的属性值如表 1-8 所示,结果如图 1-73 所示。

表 1-8 标签控件属性

控件名	Caption	AutoSize	BorderStyle	Left	Top	Height	Width	Visible
lblZhXs		False	1-Fixed Single	1800	900	495	2350	False
lblMmXs		False	1-Fixed Single	1800	1700	495	2350	False

注:表中 Caption 属性值设置为空,在添加标签控件时,系统默认为"Label1"和"Label2",删除这两个默认值。

图 1-73 添加两个隐藏的标签

图 1-73 中,两个隐藏的标签控件隐藏的原因是 Visible 属性设为 False,而不是因为标签控件被文本框所覆盖。在图 1-73 中所显示的是窗体设计状态,两个隐藏的标签控件在设计状态并没有被隐藏,这两个标签的宽度设置为 2 350,比文本框的宽度大 50,所以从图 1-73 中可以看到这两个标签长出的部分,但在运行状态中,这两个标签将被隐藏,长出的部分也将

看不见（见图 1-74）。

图 1-74　运行状态

在图 1-74 中，"重填"按钮上的文字以灰色显示，表示这个按钮不可访问，鼠标单击将无反应，这是因为这个按钮的 Enable 属性被设置为 False。

小技巧：选择控件

本项目两个隐藏的标签大小和位置与文本框一样，并被文本框所覆盖，要选择被覆盖的控件对象可以通过属性窗口中的对象下拉列表框选择（见图 1-75）。单击对象下拉列表框右侧的下拉按钮■，可以在对象列表中根据对象的名称选择对象（见图 1-76）。

图 1-75　对象下拉列表框　　　　　　　　　　图 1-76　对象列表

7. 添加代码

在窗体设计器中，双击"退出"命令按钮，添加 End 语句：

```
Private Sub cmdExit_Click()
    End
```

End Sub

在窗体设计器中，双击"登录"命令按钮，添加如下代码：

```
Private Sub cmdLogin_Click()
    txtZh.Visible = False
    txtMm.Visible = False
    lblZhXs.Visible = True
    lblMmXs.Visible = True
    lblZhXs.Caption = txtZh.Text
    lblMmXs.Caption = txtMm.Text
    cmdCt.Enabled = True
    cmdLogin.Enabled = False
End Sub
```

在窗体设计器中，双击"重填"命令按钮，添加如下代码：

```
Private Sub cmdCt_Click()
    txtZh.Visible = True
    txtMm.Visible = True
    lblZhXs.Visible = False
    lblMmXs.Visible = False
    txtZh.Text = ""
    txtMm.Text = ""
    cmdCt.Enabled = False
    cmdLogin.Enabled = True
End Sub
```

8．运行程序

单击工具栏中的"启动"按钮 ▶，输入用户账号和密码，这里账号和密码可以任意输入。注意这时输入的密码是以"*"显示的，而"重填"命令按钮以灰色显示，单击无反应（见图 1-77）。

单击"登录"命令按钮，文本框隐去，出现两个新标签，显示用户输入的账号和密码，其中密码以明码的形式显示。同时，"重填"命令按钮可用，而"登录"命令按钮不可用，如图 1-78 所示。

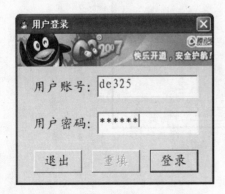

图 1-77　运行状态输入用户名和密码

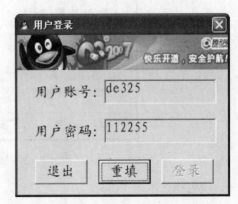

图 1-78　运行状态显示用户名和密码

单击"重填"命令按钮，窗口返回图 1-77 所示的界面。

单击"退出"命令按钮，结束程序运行。

9．保存程序

保存本项目窗体文件为 Login.frm，工程文件为 Login.vbp，并生成 Login.exe，最后在 Windows 系统中运行 Login.exe。

常　　量

常量是指在程序运行过程中始终保持不变的常数、字符串等，如 3.14159、"用户号"、#2007-12-25#等。

变　　量

在程序中处理数据时，对于输入的数据、参加运算的数据、运行结果等临时数据，通常将它暂时存储在计算机的内存中。在 Visual Basic 中，可以用名字表示内存位置，这样就能访问内存中的数据。一个有名称的内存位置称为变量（Variable），如 Pi、X、Y2 等。

赋 值 语 句

用赋值语句可以把指定的值赋给某个变量或某个带有属性的对象。例如：

Command1.Caption = "退出"

赋值语句中的"="称为赋值号，表示将右边的值赋予左边的变量或属性。

1.4　时　　钟

时钟不仅是一个显示时间的工具，对很多人来说，时钟更是管理时间的工具，所以，很多应用软件中都附带有时钟工具软件，如 Windows 操作系统中自带的"日期与时间"工具（见图 1-79）里，就有一个简单的时钟。

图 1-79　Windows XP 系统的时钟

一、项目描述

本节学习制作一款"时钟"软件（见图 1-80）。本项目完成的时钟以图形动画和字符两种形式显示日期与时间。在后续章节中，可以对本项目的时钟做进一步的功能开发，如显示星期、定时闹钟等。

二、项目分析

本项目使用图形控件画时钟的钟面，用直线控件画时针、分针、秒针的指针，通过定时器的作用控制秒针、分针和时针的变化，日期和时间标签中要用到日期型函数。

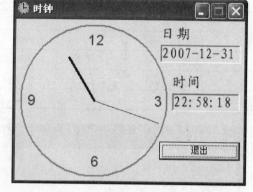

图 1-80　时钟

三、项目实现

准备工作

在本项目的示例开始之前，先在 D 盘中建立一级文件夹"时钟"，并在此文件夹中复制一个图标文件（24 像素×24 像素或 16 像素×16 像素）作为本项目的图标使用。

1．画钟面

启动 Visual Basic 6.0，当前窗体大小使用系统默认值。

双击控件箱中的"形状控件"图标 （见图 1-81），在窗体上添加一个形状控件，如图 1-82 所示。

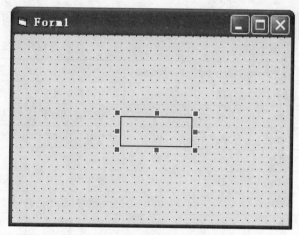

图 1-81　控件箱中的形状控件图标　　　　　图 1-82　添加形状控件

单击形状控件，在属性窗口中找到 Shape 属性，并设置为"3-Circle"，结果形状变为圆形，如图 1-83 所示。

设置形状控件的其他属性如表 1-9 所示，结果如图 1-84 所示。

表 1-9　　　　　　　　　　　　　　　　形状控件属性

属　性	属　性　值	说　　明
名称	shpZm	
BorderColor	&H00FF8080&	可以任选喜欢的颜色

续表

属　性	属　性　值	说　明
BorderWidth	2	
Height	3000	
Left	100	
Top	100	
Weight	100	

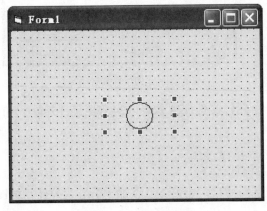

图 1-83　添加形状控件   图 1-84　钟面形状

2．添加标签

在窗体中添加 8 个标签控件，标签控件的属性值如表 1-10 所示，结果如图 1-85 所示。

表 1-10   标签控件属性

控件名	Caption	BorderStyle	Font	前景色	宽	高	对齐	Left	Top
lbl12	12	0	Arial 常规四号	红	360	360	中	1440	240
lbl3	3	0	Arial 常规四号	红	360	360	右	2640	1440
lbl6	6	0	Arial 常规四号	红	360	360	中	1440	2640
lbl9	9	0	Arial 常规四号	红	360	360	左	240	1440
lblDate	日期	0	楷体常规四号	黑	900	360	左	3200	120
lblDate2		1	楷体常规四号	黑	1655	360	左	2955	480
lblTime	时间	0	楷体常规四号	黑	900	360	左	3200	1080
lblTime2		1	楷体常规四号	黑	1400	360	左	3200	1440

形状（Shape）控件

可用 Shape 控件在窗体、框架或图片框中创建下述预定义形状：矩形、正方形、椭圆形、圆形、圆角矩形或圆角正方形。

可以在容器中绘制 Shape 控件，但是不能把 Shape 控件当作容器。设置 Shape 控件的 BorderStyle 属性产生的效果取决于 BorderWidth 属性的设置。

Shape 属性

返回或设置一个值，该值指示一个 Shape 控件的外观。

属 性 值	描 述
0	（缺省值）矩形
1	正方形
2	椭圆形
3	圆形
4	圆角矩形
5	圆角正方形

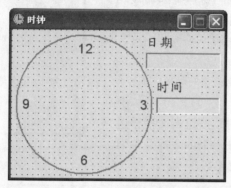

图 1-85　添加标签

3．加入定时器

　　双击控件箱中的定时器控件的图标![icon]（见图 1-86），在窗体上添加定时器控件，移动定时器控件到窗体适当位置（见图 1-87）。或单击控件箱中的定时器控件的图标，将它拖动到窗体上的适当位置。

图 1-86　控件箱中的定时器控件图标

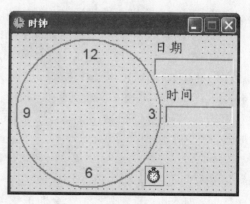

图 1-87　添加定时器控件

　　单击定时器控件，在定时器控件的属性窗口中，设置 Enabled 属性为"True"（默认值），并设置 Intelval 属性为"100"。

定时器（Timer）控件

Timer 控件响应时间的流逝。它们独立于用户，编程后可用来在一定的时间间隔执行操作。此控件的一般用处是检查系统时钟，判断是否该执行某项任务。对于其他后台处理，Timer 控件也非常有用。

　　每个 Timer 控件必须要与窗体关联，因此要创建定时器应用程序就必须至少创建一个窗体（如果不需要窗体完成其他操作就不必使窗体可见）。

　　Timer 控件只在设计时出现在窗体上，所以可以选定这个控件，查看属性，编写事件过程。运行时，定时器不可见，所以其位置和大小无关紧要。

4．添加定时器代码

　　双击定时器控件，在代码窗口中添加代码如下（其中首尾两行代码由系统自动生成）：

```
Private Sub Timer1_Timer()
    lblDate2.Caption = Date
    lblTime2.Caption = Time
End Sub
```

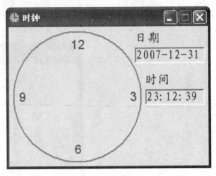

图 1-88　时钟运行状态

　　单击工具栏中的"启动"按钮▶，程序运行结果如图 1-88 所示。其中 lblTime2 标签中的秒数在程序运行期间每秒变化。

Interval 属性

● 定时器事件之间的毫秒数：每个 Timer 控件都有 Interval 属性，除非禁止此属性（即设置为 0），否则定时器在大致相等的时间间隔不断接受事件（称作定时器事件）。

间隔的取值可在 0～64 767（包括这两个数值），这意味着即使是最长的间隔也只有 64.8 s）。

● Timer 事件是周期性的：Interval 属性主要是决定"多少次"而不是"多久"。

注意：定时器事件生成越频繁，响应事件所使用的处理器事件就越多，这将降低系统综合性能。除非有必要，否则不要设置过小的间隔。

定时器的 Enabled 属性

若希望窗体一加载定时器就开始工作，应将定时器的 Enabled 属性设置为 True。否则，保持此属性为 False。有时可以选择由外部事件（例如单击命令按钮）启动定时器操作。

定时器的 Enabled 属性不同于其他对象的 Enabled 属性。对于大多数对象，Enabled 属性决定对象是否响应用户触发的事件。对于 Timer 控件，将 Enabled 设置为 False 时就会暂停定时器操作。

函　　数

函数是一种特定的运算，在程序中要使用一个函数时，只要给出函数名及参数，就能得到它的函数值，如 sin(x) 是求弧度值为 x 的正弦值的函数。

在 Visual Basic 6.0 中，一般函数由函数名和参数组成，参数需要外加括号。个别特殊的函数不需要参数时，可以直接给出函数名得到函数值，如 Date 函数得到当前计算机的日期值，Time 函数得到当前计算机的时间值。

5．加入秒针

　　双击控件箱中的"直线控件"图标╲，在窗体上添加直线控件，设置如表 1-11 所示的形状控件属性，结果如图 1-89 所示。

表 1-11 形状控件属性

属　性	属　性　值	说　明
名称	LineScond	
BorderColor	&H000000FF&	红色，也可任选
BorderWidth	1	
Visible	False	
X1	1600	
X2	3000	
Y1	1600	
Y2	1600	

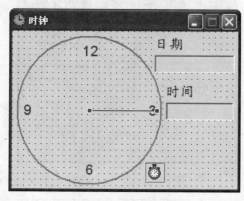

图 1-89　添加秒针

双击定时器控件，在代码窗口中添加代码如下（其中加粗的代码为新增代码，非加粗部分在此前已经加入）：

```
Private Sub Timer1_Timer()
    lblDate2.Caption = Date
    lblTime2.Caption = Time
    LineScond.Visible = True
    ydx = shpZm.Left + shpZm.Width / 2
    ydy = shpZm.Top + shpZm.Height / 2
    pi = 3.141596
    LineScond.X2 = ydx + Sin(Second(Now) / 60 * 2 * pi) * 1400
    LineScond.Y2 = ydy - Cos(Second(Now) / 60 * 2 * pi) * 1400
End Sub
```

单击工具栏中的“启动”按钮▶，代表秒针的 LineScond 的控件在程序运行期间每秒钟发生变化。

6．加入分针和时针

双击控件箱中的“直线控件”图标＼，在窗体上添加两个直线控件，设置如表 1-12 所示的形状控件属性，结果如图 1-90 所示。

表 1-12   形状控件属性

属　性	属　性　值	属　性　值
名称	LineMinute	LineHour
BorderColor	&H0000FFFF&	&H00FF0000&
BorderWidth	2	3
Visible	False	False
X1	1600	1600
X2	1600	600
Y1	1600	1600
Y2	2800	1600

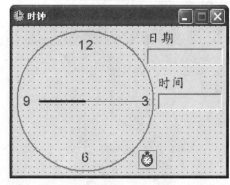

图 1-90　添加分针和时针

表 达 式

运算是对数据进行加工的过程，描述各种不同运算的符号称为运算符，而参与运算的数据称为操作数。用运算符将若干操作数连接起来的式子叫表达式，它由运算符、常量、变量、函数、对象等组成。例如，3+5、S+Sin(π)等都是表达式。单个的变量或常量也是表达式。

赋值语句：Let

赋值语句的一般格式为：

     [Let]〈名称〉=〈表达式〉

其中，"[Let]"是可选项，一般情况下可省略。"〈名称〉"是变量或属性的名称，"〈表达式〉"是指某运算式。例如：

     Total = 101

     ReadOut$ = "GoodMornig!"

     Text1.Text = Str$(Total)

     A = 36 + Total / 2

在使用赋值语句时，需注意以下几点。

（1）赋值语句兼有计算与赋值的双重功能，它首先计算赋值号"="右边表达式的值，然后把结果赋给赋值号左边的变量（或属性）。例如，上面变量 A 的值为 86.5。

（2）赋值号"="与数学上的等号意义是不一样的。例如：

> A = 65
>
> 应读作"将数值 65 赋给变量 A",或是"使变量 A 的值等于 65"。
> （3）赋值号两边的数据类型必须一致,否则会出现"类型不匹配"错误。例如,不能把字符串常量或字符串表达式的值赋给整型变量或实型变量,也不能把数值赋给文本框的 Text 属性。如果数据类型相关但不完全相同,例如把一个整型值存放在一个双精度变量中,Visual Basic 将把整型值转换为双精度值。但是,不管表达式是什么类型,都可以赋给一个 Variant 变量。

双击定时器控件,在代码窗口中添加代码如下（其中加粗的代码为新增代码,非加粗部分在此前已经加入）:

```
Private Sub Timer1_Timer()
lblDate2.Caption = Date
    lblTime2.Caption = Time
LineScond.Visible = True
    LineMinute.Visible = True
LineHour.Visible = True
    ydx = shpZm.Left + shpZm.Width / 2
    ydy = shpZm.Top + shpZm.Height / 2
    pi = 3.141596
LineScond.X2 = ydx + Sin(Second(Now) / 60 * 2 * pi) * 1400
    LineScond.Y2 = ydy - Cos(Second(Now) / 60 * 2 * pi) * 1400
LineMinute.X2 = ydx + _
        Sin((Minute(Now) + Second(Now) / 60) / 60 * 2 * pi) * 1200
LineMinute.Y2 = ydy - _
        Cos((Minute(Now) + Second(Now) / 60) / 60 * 2 * pi) * 1200
    LineHour.X2 = ydx + _
        Sin((Hour(Now) Mod 12 + Minute(Now) / 60) / 12 * 2 * pi) * 1000
LineHour.Y2 = ydy - _
        Cos((Hour(Now) Mod 12 + Minute(Now) / 60) / 12 * 2 * pi) * 1000
End Sub
```

> **关于日期和时间的函数**
>
> Date 函数——返回当前计算机的日期值。
> Time 函数——返回当前计算机的时间值。
> Now 函数——返回当前计算机的日期值与时间值。
> Second()函数——返回当前计算机的秒数。
> Minute()函数——返回当前计算机的分钟数。
> Hour()函数——返回当前计算机的小时数。

单击工具栏中的"启动"按钮 ▶,代表分针的 LineMinute 的控件在程序运行期间作细微的变化,而代表时针的 LineHour 的控件在程序运行期间变化几乎看不出,但在长时间后会有变化，如图 1-91 所示。

7．修改代码

前面在添加秒针、分针和时针时，3 个直线控件的位置并没有正确反映时间关系。将 3 个直线控件的 Visible 设置为 False，并在定时器代码中再将 3 个直线控件的 Visible 设置为 True，这是为了避免在窗口打开的瞬间 3 个直线控件在设计位置上出现。但是，定时器代码中再将 3 个直线控件的 Visible 设置为 True，结果屏幕每次刷新都运行将 3 个直线控件的 Visible 设置为 True，这样不合理。

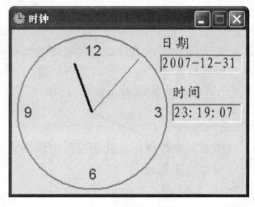

图 1-91　时钟运行状态

所以，应该将 3 个直线控件的 Visible 设置为 True，并定位到窗口打开的瞬间与时间相对应的位置上。

双击窗体空白外，系统自动生成空白的事件代码 Form_Load()：

```
Private Sub Form_Load()


End Sub
```

语　法

建立程序语句时必须遵从的构造规则称为语法。在输入语句的过程中，Visual Basic 将自动对输入的内容进行语法检查，如果发现语法错误，将弹出一个信息框提示出错的原因。Visual Basic 还会约定对语句进行简单的格式化处理，例如关键字、函数的第一个字母自动变为大写。

在一般情况下，输入程序要求一行一句，一句一行。一行称为一个语句行。一个语句行的长度最多不超过 1 023 个字符。

但是 Visual Basic 允许使用复合语句行，即把几个语句放在一行中，各语句之间用冒号"："隔开。例如：

　　lblDate2.Caption = Date:lblTime2.Caption = Time

续行符：_

在输入程序时，为了能够比较方便地在代码编辑窗口中显示、查看程序代码，也可以通过续行符"_"把一个较长的程序语句放在几行中。

在使用续行符时，在它前面至少要加一个空格，并且续行符只能出现在行尾。

在 Form_Load()事件代码中添加如下代码（其中加粗的代码为新增代码，非加粗部分在此前已经加入）：

```
Private Sub Form_Load()
    lblDate2.Caption = Date
    lblTime2.Caption = Time
    LineScond.Visible = True
    LineMinute.Visible = True
    LineHour.Visible = True
```

```
        ydx = shpZm.Left + shpZm.Width / 2
        ydy = shpZm.Top + shpZm.Height / 2
        pi = 3.141596
        LineScond.X2 = ydx + Sin(Second(Now) / 60 * 2 * pi) * 1400
        LineScond.Y2 = ydy - Cos(Second(Now) / 60 * 2 * pi) * 1400
        LineMinute.X2 = ydx + _
                Sin((Minute(Now) + Second(Now) / 60) / 60 * 2 * pi) * 1200
        LineMinute.Y2 = ydy - _
                Cos((Minute(Now) + Second(Now) / 60) / 60 * 2 * pi) * 1200
        LineHour.X2 = ydx + _
                Sin((Hour(Now) Mod 12 + Minute(Now) / 60) / 12 * 2 * pi) * 1000
        LineHour.Y2 = ydy - _
                Cos((Hour(Now) Mod 12 + Minute(Now) / 60) / 12 * 2 * pi) * 1000
End Sub
```

同时，将定时器代码 Timer1_Timer()修改为以下代码：

```
Private Sub Timer1_Timer()
        lblDate2.Caption = Date
        lblTime2.Caption = Time
        ydx = shpZm.Left + shpZm.Width / 2
        ydy = shpZm.Top + shpZm.Height / 2
        pi = 3.141596
        LineScond.X2 = ydx + Sin(Second(Now) / 60 * 2 * pi) * 1400
        LineScond.Y2 = ydy - Cos(Second(Now) / 60 * 2 * pi) * 1400
        LineMinute.X2 = ydx + _
                Sin((Minute(Now) + Second(Now) / 60) / 60 * 2 * pi) * 1200
        LineMinute.Y2 = ydy - _
                Cos((Minute(Now) + Second(Now) / 60) / 60 * 2 * pi) * 1200
        LineHour.X2 = ydx + _
                Sin((Hour(Now) Mod 12 + Minute(Now) / 60) / 12 * 2 * pi) * 1000
        LineHour.Y2 = ydy - _
                Cos((Hour(Now) Mod 12 + Minute(Now) / 60) / 12 * 2 * pi) * 1000
End Sub
```

单击工具栏中的"启动"按钮▶，代表秒针、分针和时针的 3 个直线控件在窗口打开的瞬间立即出现在相应的位置上，同时，日期和时间也立即出现。

8．设置窗体

给窗体添加"退出"命令按钮，并给"退出"命令按钮添加"End"语句。

给窗体添加图标，并设置窗体 Caption 属性值为"时钟"。

设置表 1-13 所示窗体的其他属性，结果如图 1-92 所示。

表 1-13	窗体属性
属　　性	属　性　值
名称	frmClock
ControlBox	True
MaxButton	False
MinButton	True
StartUpPosition	2-屏幕中心

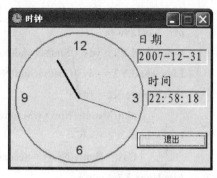

图 1-92　时钟运行状态

9. 保存程序

保存本项目窗体文件为 Clockmain.frm，工程文件为 Clockmain.vbp，并生成 Clockmain.exe，最后在 Windows 系统中运行 Clockmain.exe。

Visual Basic 窗体的存活期

通常地，Visual Basic 窗体在整个存活期中有 4 种状态。

1.创建，但不加载——Initialize。　　　2.加载，但不显示——Load。

3.显示——Show。　　　　　　　　　　4.卸载（内存和资源完全收回）——Unload。

Load 事件与 Load 语句

- Load 事件是在一个窗体被装载时发生：当使用 Load 语句启动应用程序，或引用未装载的窗体属性或控件时，此事件发生。

通常，Load 事件过程用来包含一个窗体的启动代码。例如，指定控件默认设置值。

- 把窗体或控件加载到内存中：当需要加载窗体却不需要显示窗体，使用 Load 语句。

Unload 事件与 Unload 语句

- 当窗体从屏幕上删除时发生：当使用在控件菜单中的关闭命令，或 Unload 语句关闭该窗体，或用"任务窗口"列表上的"结束任务"按钮退出应用程序，或当应用程序正在运行的时候退出 Windows 操作环境等情况都可触发 Unload 事件。

- 从内存中卸载窗体或控件：当所占内存另有它用，或需要重新设置窗体、控件的属性为初始值时，就有必要卸载窗体或控件。

注意：在卸载窗体时，只有显示的部件被卸载，和该窗体模块相关联的代码还保持在内存中。

1.5　时 钟 综 合

真正的应用程序常使用多个窗体，如图 1-93 所示，在 Photoshop 程序窗口中，打开了两个文档窗口和一个对话框。

图 1-93　多窗体实例

一、项目描述

　　本节综合前面的几个项目，制作一款"时钟"软件：启动时钟软件时先显示封面界面，2s 后封面界面消失，然后打开时钟主界面，在主界面上可以通过一个命令按钮打开"关于时钟"的窗口，如图 1-94 所示。

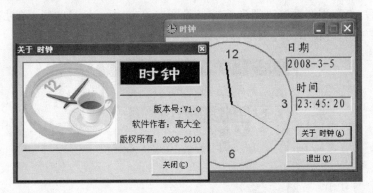

图 1-94　"时钟"与"关于时钟"两个窗口

二、项目分析

　　本项目涉及 3 个窗体，需要在工程中添加窗体，设置应用软件的启动窗体。通过本项目，我们将学习窗体的载入、显示、隐藏和卸载。

三、项目实现

准备工作

在本项目的示例开始之前，先在 D 盘中建立一级文件夹"时钟综合"。将本章 1.1 节、1.2

节和 1.4 节中所完成的 fm.frm、fm.frx、About.frm、About.frx、Clockmain.frm、Clockmain.frx 共 6 个文件及 1.1 节所使用的背景图片 clock.jpg 复制到当前文件夹"时钟综合"中。

1．创建工程

启动 Visual Basic 6.0 后，在集成开发环境右侧的"工程资源管理器"窗口中（见图 1-95），单击"工程 1（工程 1）"。

单击"属性"窗口，设置工程名称为"Clock"（见图 1-96）。然后单击"属性"窗口空白处，在"属性"窗口的对象下拉列表中，"工程 1　工程"显示为"Clock　工程"。同时，在"工程资源管理器"窗口中原来的"工程 1　工程 1"显示为"Clock Clock"。

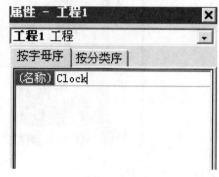

图 1-95　工程资源管理器窗口　　　　　　　　　　　　　图 1-96　设置工程名称

单击工具栏中的"保存工程"按钮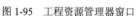，或者选择"文件"菜单中的"保存工程"命令或"工程另存为"命令。

系统提示首先保存的是窗体文件，选择 D 盘下的"时钟综合"文件夹保存当前窗体文件为 Form1.frm，然后保存工程文件为 Clock.vbp。

工程保存后，"工程资源管理器"窗口（见图 1-97）中，括号中显示的是保存在磁盘上的文件名，其中扩展名表示文件类型。

图 1-97　保存工程后

> **"工程资源管理器"窗口**
>
> "工程资源管理器"窗口又称为"工程"窗口，它以树状的层次列表方式管理当前工程文件（.vbp）或工程组文件（.vbg）中所包含的窗体文件（.frm）、模块文件（.bas）、类模块文件（.cls）3 种类型文件。
>
> 在"工程资源管理器"窗口中有"查看代码"、"查看对象"和"切换文件夹"3 个按钮。单击"查看代码"按钮可打开代码编辑器查看代码，单击"查看对象"按钮可打开窗体设计器查看正在设计的窗体，单击"切换文件夹"按钮则可隐藏或显示包含对象文件夹中的个别项目列表。

2. 添加窗体

建立新工程时系统会自动创建一个窗体 Form1，如果要创建第二个窗体，或将已经创建的窗体添加到当前工程中，需要使用"添加窗体"对话框。添加窗体的方式有以下3 种。

（1）通过"工程资源管理器"窗口添加窗体

用鼠标右键单击"工程资源管理器"窗口中间显示区的任何位置，在弹出的快捷菜单中选择"添加（A）"菜单项，再单击下一级子菜单中的"添加窗体"命令，如图 1-98所示。

（2）通过"工程"菜单添加窗体

用鼠标单击 Visual Basic 集成开发环境菜单栏中的"工程"菜单，再单击 "添加窗体"命令，如图 1-99 所示。

（3）通过"工具栏"添加窗体。

用鼠标单击 Visual Basic 集成开发环境工具栏中的"添加窗体"按钮右侧向下的箭头，单击下拉菜单中的"添加窗体"命令（见图 1-100）。如果直接单击工具栏中的"添加窗体"按钮左侧图标，可以立即执行"添加窗体"命令。

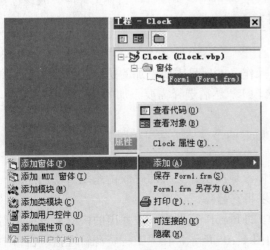

图 1-98 通过"工程资源管理器窗口"添加窗体

图 1-99 通过"工程"菜单添加窗体

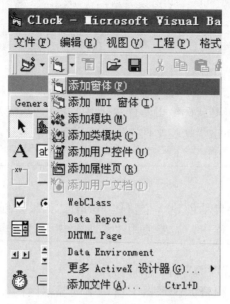

图 1-100　通过"工具栏"添加窗体

打开工程资源管理器的方法

1. 单击 Visual Basic 集成开发环境工具栏中的 图标。
2. 在"视图"菜单中选择"工程资源管理器"命令。
3. 按 Ctrl+F8 组合键。

.frx 文件

.frx 文件是二进制数据文件，用于存储窗体文件（.frm）同名文件二进制信息。某些控件，如 PictureBox 控件和 Image 控件，具有使用二进制数据作为其值的属性，VB 将这些二进制数据存储在跟表单主文件名相同的.frx 文件中，即如果窗体中包含了图形图像文件（*.bmp、*.jpg 等）或图标文件（*.ico），就一定会产生.frx 文件，这些图形图像或图标就存放在.frx 文件中。

如果项目中窗体文件（.frm）存在同名的.frx 文件，在复制或移动窗体文件时，应该包含这些同名的.frx 文件。.frx 文件丢失，窗体文件将无法正常工作。

在选择"添加窗体"菜单命令后，系统将打开一个"添加窗体"对话框（见图 1-101）。如果需要创建新的窗体，在"新建"选项卡中操作；本项目需要添加的是已经创建并复制到当前文件夹中的窗体文件，所以单击"现存"选项卡，然后选择需要添加的 fm.frm 窗体文件，并单击"打开"命令，结果如图 1-102 所示。

用上述方法，再添加其他 frmAbout、frmClock 两个窗体，结果如图 1-103 所示。

3. 移除窗体

在"工程资源管理器"窗口中的 Form1 窗体，是在创建工程的时候由系统自动创建的一个空白的窗体，在本项目中没有任何作用，可以将它移除。

用鼠标右键单击"工程资源管理器"窗口中的 Form1 窗体名，在弹出的快捷菜单中单击"移除 Form1.frm"命令（见图 1-104），结果如图 1-105 所示，在"工程资源管理器"窗口中 Form1 窗体被移除。

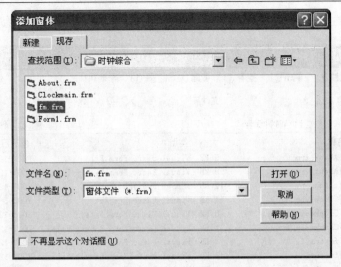

图 1-101 "添加窗体"对话框

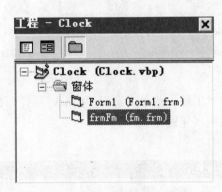

图 1-102 添加 frmFm 窗体

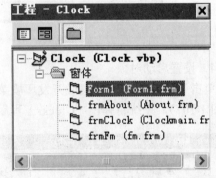

图 1-103 添加其他窗体

图 1-104 移除窗体

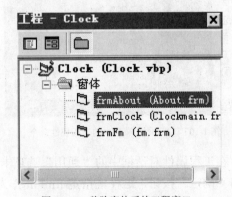

图 1-105 移除窗体后的工程窗口

移除 Form1 窗体后，在 Windows 中打开 "D:\时钟综合" 文件夹，Form1 窗体的窗体文件 Form1.frm 并没有被删除。这是因为在工程文件中移除窗体，只是删除对窗体文件的引用，并没有真正删除窗体在磁盘上的窗体文件，如图 1-106 所示。

如果被移除的窗体不再有保存价值，可以在 Windows 操作系统中删除窗体文件。

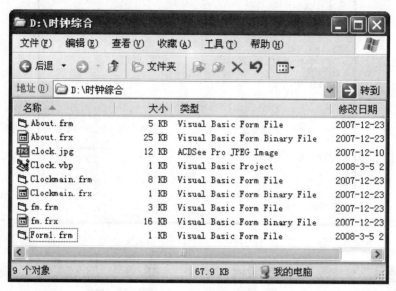

图 1-106　移除窗体后的窗体文件没有被删除

4．设置启动对象

单击 Visual Basic 6.0 集成开发环境菜单栏中的"工程"菜单，选择"Clock 属性"命令（见图 1-107），系统将弹出"Clock-工程属性"对话框（见图 1-108）。

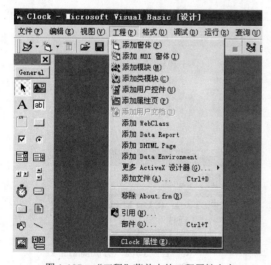

图 1-107　"工程"菜单中的工程属性命令

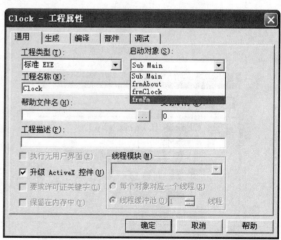

图 1-108　在工程属性对话框中设置启动对象

在工程属性对话框中的"通用"选项卡中，单击启动对象下拉列表，选择 frmFm，然后单击"确定"按钮，这样就指定 frmFm 作为 Clock 工程运行时的第一个窗体。

按 F5 键，测试运行的窗体是否是 frmFm。

启 动 对 象

除窗体设计原理以外，还需考虑应用程序的开始与结束。有一些技巧用于决定应用程序启动时的外观。熟悉应用程序卸载时进行的一些处理也很重要。

当应用软件主窗口正在执行启动操作时，快速显示的软件封面能吸引用户的注意，造成应用程序装载很快的错觉。当应用软件主窗口启动完成后，可以将快速显示的软件封面界面卸载。

在默认情况下，应用程序中的第一个窗体被指定为启动窗体。应用程序开始运行时，此窗体就被显示出来（因而最先执行的代码是该窗体的 Form_Initialize 事件中的代码）。如果想在应用程序启动时显示其他窗体，那么就得改变启动窗体。

一旦窗体被指定为启动对象，该窗体在工程启动时就被创建，并立即加载和显示。

5．修改启动窗体

双击"工程资源管理器"窗口中选择的 frmFm 窗体，设置如表 1-14 所示的窗体属性值，结果如图 1-109 所示。

表 1-14 　　　　　　　　　　　　　窗体属性表

属 性	属 性 值
BorderStyle	3-Fixed Dialog
Width	5500
StartUpPosition	2-屏幕中心

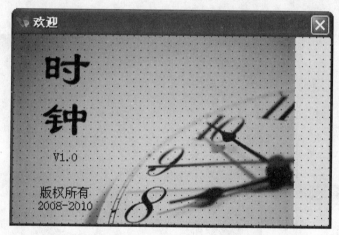

图 1-109　加宽窗体并加入定时器控件

为了设置 frmFm 窗体在启动 2s 后隐藏，添加定时器，加宽窗体的宽度是为了区别第二个启动的主窗体（frmClock）。

在图 1-109 中，窗体的宽度加宽，但背景图片并没有随之加宽。

在 frmFm 窗体的属性窗口中找到 Picture，删除属性值单元格中的"（Bitmap）"以删除窗体的背景图片。

添加一个图像 Image 控件，设置图像 Image 控件的图片为 clock.jpg，并设置图像 Image 控件 Left 属性值为 0、Top 属性值为 0，结果如图 1-110 所示。

打开"工程属性"对话框的方法

1．在"工程"菜单中选择"工程属性"。

2．用鼠标右键单击"工程资源管理器"窗口中的工程名，选择"工程属性"。

图 1-110　窗体背景图片换成图像 Image 控件

作为后加入的控件，图像 Image 控件将窗体中原有的标签控件覆盖，需要将图像控件置后，以显示出标签控件。

用鼠标右键单击图像控件，在快捷菜单中选择"置后"命令（见图 1-111），结果如图 1-112 所示。

图 1-111　控件置后的菜单命令　　　　　　　　图 1-112　图像控件置后的效果

设置图像 Image 控件的宽度 Width 属性值为 5 500，这时图像并没有变化，图像 Image 控件的尺寸柄不见了，这是因为图像 Image 控件大小与窗体大小一致。

设置图像 Image 控件的 Stretch 属性为 True，结果如图 1-113 所示，图像自动变大以适应图像 Image 控件的宽度。

添加一个定时器控件，设置定时器 Enable 属性为 True、Interval 属性为 2 000，然后双击定时器控件，添加 frmClock.Show 代码如下所示：

```
Private Sub Timer1_Timer()
    frmClock.Show
End Sub
```

图 1-113　图像控件 Stretch 属性的效果

按 F5 键运行程序，frmFm 窗体首先启动，2s 后 frmClock 打开（见图 1-114）。

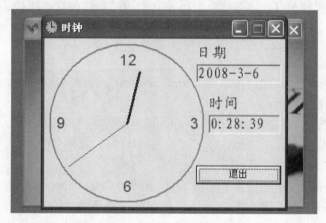

图 1-114　两个窗口运行

结束程序运行，双击定时器控件，添加 FrmFm.Hide 代码如下所示：

```
Private Sub Timer1_Timer()
    frmClock.Show
    FrmFm.Hide
End Sub
```

按 F5 键运行程序，frmFm 窗体首先启动，2s 后 frmClock 打开，同时作为启动窗体的 frmFm 窗体隐藏。

方　　法

事件方法就是要执行的动作。Visual Basic 的方法是一种特殊的过程和函数，它用于完成某种特定功能而不能响应某个事件，如 Print（打印对象）、Show（显示窗体）、Move（移动）方法等。

每个方法完成某个功能，用户无法看到其实现的步骤和细节，更不能修改，用户能做的工作只是按照约定直接调用它们。

对　　象

对象是具有属性和行为方式（方法）的实体。建立一个对象后，其操作通过与该对象有关的属性、事件和方法来描述。属性定义对象的外观，方法定义对象的行为，事件定义对象与用户的交互。

Show 方法

用以显示 Form 对象。要使一个窗体可见，调用 Show 方法。

  Form2.Show

调用 Show 方法与设置窗体 Visible 属性为 True 具有相同的效果。

如果调用 Show 方法时指定的窗体没有装载，Visual Basic 将自动装载该窗体。

Hide 方法

用以隐藏 Form 对象。要使一个窗体隐藏，调用 Hide 方法。

  Form1.Hide

调用 Hide 方法与设置窗体 Visible 属性为 False 具有相同的效果。

Unload 语句把窗体从内存中卸载，而 Hide 方法只是通过设置窗体的 Visible 属性为 False 将窗体隐藏。当卸载窗体时，该窗体本身以及它的控件都从内存中卸载。当隐藏窗体时，该窗体以及它的控件仍留在内存中。

6. 修改主窗体

在"工程资源管理器"窗口中双击"frmClock.frm"，打开时钟窗体，在本项目中，时钟窗体作为应用程序的主窗体。

单击"退出"按钮，在属性窗口中 Caption 属性设置为"退出(&X)"。在对象窗口中，窗体上的"退出"按钮上显示为"退出(X)"（见图 1-115），其括号中的 X 表示在运行时按下 Alt+X 组合键与单击该按钮效果相同。

适当调整"退出"按钮的位置，如图 1-116 所示，添加一个命令按钮，Caption 属性设置为"关于 时钟(&A)"，并设置与 lblTime2 控件高度相同、宽度相同，且右对齐。

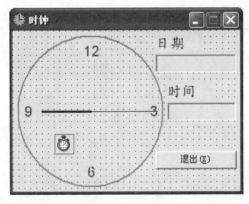
图 1-115　设置访问键

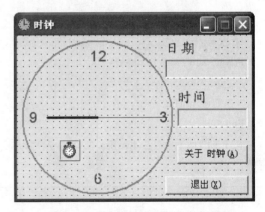
图 1-116　添加"关于 时钟"命令按钮

双击"关于 时钟"命令按钮，添加 frmAbout.Show 代码如下所示：

```
Private Sub Command2_Click()
    frmAbout.Show
End Sub
```

<table>
<tr><td colspan="1" align="center">访 问 键</td></tr>
</table>

与 Alt 键同时按下的键，用来打开菜单、执行命令、选择对象或移向对象。例如，同时按下 Alt+F 键可以打开"文件"菜单。

可以使用 Caption 属性赋予控件一个访问键。在标题中，在想要指定为访问键的字符前加一个 (&) 符号。该字符就带有一个下划线。同时按下 Alt 键和带下划线的字符就可把焦点移动到那个控件上。

例如：常见的 Exit 按钮，Caption 属性为 Exi&t，x 是这个按钮的访问键，用一条下划线表示，运行时可用组合键 Alt+x 选中。

7. 修改"关于 时钟"窗体

在"工程资源管理器"窗口中双击"frmAbout.frm"，打开"关于 时钟"窗体。在属性窗口设置"关于 时钟"窗体高度 Height 属性值为 3 330、Moveable 属性值为 True。

单击"关闭"按钮，在属性窗口设置 Caption 属性设置为"关闭(&C)"，高度 Top 属性值为 2 400。结果如图 1-117 所示。

图 1-117　修改"关于 时钟"窗体

双击"关闭"命令按钮，原命令按钮的单击事件过程是 End 语句，End 语句将关闭本窗体和主窗体。本项目的要求是在"关于 时钟"窗体中单击"关闭"按钮时仅关闭本窗体，所以将 End 语句改为 Unload Me，如下所示：

```
Private Sub Command1_Click()
    Unload Me
End Sub
```

按 F5 键运行程序，封面窗口首先启动，2s 后主窗口打开，同时作为启动窗口的封面窗口隐藏。在主窗口中单击"关于 时钟"命令按钮，将打开"关于 时钟"窗口。由于已将"关于 时钟"窗口高度减小，所以可以同时看到主窗口和"关于 时钟"窗口（见图 1-118）。在"关于 时钟"窗口中单击"关闭"命令按钮，可以关闭"关于 时钟"窗口。

<table>
<tr><td align="center">关键字：Me</td></tr>
</table>

在代码中指定当前窗体的另一种方法是用 Me 关键字。

用 Me 关键字来引用当前代码正在运行的窗体。

图 1-118　两个窗口同时运行

　　但是，在图 1-118 所示的主窗口和"关于 时钟"窗口两个窗口同时运行情况下，稍等 2s 屏幕中间出现"时钟窗口"，而在 Windows 任务栏中显示（见图 1-119）两个窗口都在运行中，只是因为主窗口覆盖了"关于 时钟"窗口。

　　主窗口在任务栏上的任务按钮每过 2s 闪动一次，移动主窗口和"关于 时钟"窗口（见图 1-120），过 2s 后主窗口自动出现在屏幕中心，说明"封面"窗口虽然隐藏了，但仍在起作用。

图 1-119　Windows 任务栏显示两个窗口在运行

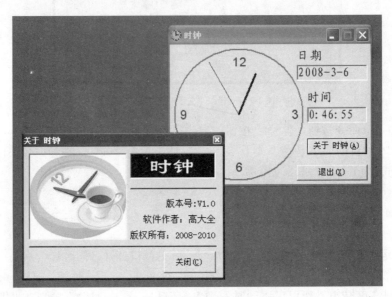

图 1-120　移动两个窗口

　　在主窗口中单击"退出"命令按钮，结束程序运行。

　　在"工程资源管理器"窗口中双击"frmClock.frm"，选择 frmClock 窗体。打开代码窗口，单击代码窗口右上的"过程/事件"框的下拉列表，找到并单击 Activate 事件，在代码窗口自动添加 Form_Activate 事件过程，添加 Unload FrmFm 代码如下所示：

```
Private Sub Form_Activate()
    Unload FrmFm
End Sub
```

8．运行与保存程序

保存本项目工程文件 Clock.vbp，并生成 Clock.exe，最后在 Windows 系统中运行 Clock.exe。

Activate 事件

　　每当一个窗体变成活动窗体时，就会产生一个 Activate 事件；当另一个窗体或应用程序被激活时，就会产生 Deactivate 事件。这些事件对初始化或结束窗体行为十分方便。例如，在 Activate 事件中，可以编写代码突出显示一个特定文本框中的文本；在 Deactivate 事件中，可以把更改保存到一个文件或数据库中。

　　一个对象可以通过诸如单击它，或使用代码中的 Show 方法或 SetFocus 方法等用户操作而使其变成活动的。

　　Activate 事件仅当一个对象可见时才发生。例如，除非使用 Show 方法或将窗体的 Visible 属性设置为 True，否则，一个用 Load 语句加载的窗体是不可见的。

练　习　题

一、填空题

1．创建一个 VB 应用程序的 3 个主要步骤是_____、_____和_____。

2．创建应用程序界面的主要工作就是在_____中完成窗体的设置。

3．如果需要画多个相同的控件，先按_____键，再选择控件图标，然后使用拖动鼠标画控件。

4．显示窗体所用的网格单位，默认为_____，英文为 twip。

5．一个工程可以包括多种类型的文件，其中，扩展名为.vbp 的文件表示_____文件；扩展名为.frm 的文件表示_____文件。

6．在 VB 中，按_____键可以打开属性窗口。

7．决定窗体标题栏显示内容的属性是_____。

8．标签的 BackStyle 属性设置标签背景是否为_____。

9．为了使标签中的内容居中显示，应把 Alignment 属性设置为_____。

10．Line 控件的 BorderWidth 属性决定了控件的_____。

11．在 Visual Basic 中，_____属性用于设置在文本框中显示的信息内容。

12．Label 和 TextBox 控件用来显示和输入文本，如果仅需要让应用程序在窗体中显示文本信息，可使用_____控件；若允许用户输入文本，则应使用_____控件。

13．在代码窗口中输入代码并按 Enter 键后，如果代码变成_____色，表示代码出错。

14．在 Visual Basic 中，如果要将一个语句放在两行中，则在前一行结束处要使用续行符"_____"连接下一行，续行符前至少要有一个"_____"。

15．如果要在单击按钮时执行一段代码，则应将这段代码写在_____事件过程中。

16．当程序运行时，鼠标_____一个窗体，则触发该窗体的 DblClick 事件。

17．假设某一事件过程为 Private Sub Picture1_DblClick()，则响应该过程的事件名是_____，对象名是_____，这是一个_____控件。

18．如果要对程序代码进行注释，可使用的 Visual Basic 语句为_____。

19．窗体的 Enable 属性的属性值是_____类型的数据。

20．计时器开始计时后，每经过一段按照 Interval 属性设定时间间隔，会自动触发一次_____事件并且重新计时。

21．Interval 属性可设定计时器的计时时间长度，它的属性值是一个数值，单位是_____。为使计时器对象每隔 5s 产生一个 Timer 事件，则其 Interval 属性值应设置为_____。

22．在 Visual Basic 中，_____属性用于设置对象是否响应用户生成事件。

23．PictureBox 控件可通过设置其_____属性为 True 使之可自动调整大小；而 Image 控件可通过设置其_____属性为 True，使其加载的图片能自动调整大小以适应 Image。

24．当方法不需要任何参数并且也没有返回值时，调用对象的方法的格式为_____，例如，对窗体 Form1 使用 Show 方法，应写成_____。

25．如果要使命令按钮表面显示文字"退出（X）"，则其 Caption 属性设置为_____，其括号中的 X 表示在运行时按下_____键与单击该按钮效果相同。

二、选择题

1．一个应用程序至少应包含一个_____。
　　A．标签　　　　　　B．窗体　　　　　　C．状态栏　　　　　　D．图标

2．以下说法不正确的是_____。
　　A．Visual Basic 是一种可视化编程工具　B．Visual Basic 是面向过程的编程语言
　　C．Visual Basic 是结构化程序设计语言　D．Visual Basic 采用事件驱动编程机制

3．以下各项中，Visual Basic 不支持的图形图像格式文件是_____。
　　A．.ico　　　　　　B．.jpg　　　　　　C．.psd　　　　　　D．.bmp

4．以下属性设置语句正确的是_____。
　　A．Form1.Name=Form.Caption　　　　　B．Form.Caption= Form.Name
　　C．Form1.Enabled=" True "　　　　　　D．Form1.Text= Form.Name

5．以下选项中，不是 VB 标准控件的是_____。
　　A．命令按钮　　　B．定时器　　　　　C．窗体　　　　　　D．单选框

6．以下不具有 Picture 属性的是_____。
　　A．窗体　　　　　B．图片框　　　　　C．图像框　　　　　D．文本框

7．Visual Basic 6.0 中任何控件都有的属性是_____。
　　A．BackColor　　　B．Caption　　　　C．Name　　　　　　D．BorderStyle

8．在 VB 中，运行 VB 程序的快捷键是_____。
　　A．F1　　　　　　B．F4　　　　　　　C．F5　　　　　　　D．F10

9．属性 BorderColor 的作用是_____。
　　A．设置直线颜色和形状边界颜色　　　B．设置直线或形状背景颜色

C．设置直线或形状边界线的线型　　　D．设置形状的内部颜色

10．下面 4 个选项，不是事件的是_____。

　　A．Load　　　　B．Enabled　　　　C．Unload　　　　D．DblClick

11．语句：Text1.Text=" ABC " 中的 Text1、Text 和 " ABC " 分别代表_____。

　　A．对象、值、属性　　　　　　　　B．对象、方法、属性

　　C．对象、属性、值　　　　　　　　D．属性、对象、值

12．如果设计时在属性窗口将命令按钮的_____属性设置为 False，则运行时按钮从窗体上消失。

　　A．Visible　　　B．Enabled　　　C．DisabledPicture　D．Default

13．下列的_____对象不支持 DblClick 事件。

　　A．文本框　　　B．命令按钮　　　C．标签框　　　　D．窗体

14．对于窗体，下面_____属性在程序运行时其属性设置起作用。

　　A．MaxButton　B．BorderStyle　C．Caption　　　　D．Left

15．在 Visual Basic 中，_____语句将从内存中卸载窗体。

　　A．Show　　　　B．Hide　　　　C．Load　　　　　D．UnLoand

三、程序题

1．图 1-121 左图所示为单击按钮（控件名"CmdKs"）之前的状态，图 1-121 右图所示为单击按钮之后的状态，实现下面的标签（控件名"Lbl2"）的左边距为上面的标签（控件名"Lbl1"）的左边距加 50，下面的标签到顶部的距离为上面的标签到顶部的距离加 50。

图 1-121　题 1 图

2．以下是一个测试程序，窗体（窗体名"Form1"）加载时在标题栏显示"测试"，单击命令按钮（控件名"Command1"）在文本框（控件名"Text1"）中显示"单击命令按钮"，单击窗体在文本框显示"单击窗体"，程序运行结果如图 1-122 所示。

图 1-122　题 2 图

3．在窗体上画一个文本框和两个命令按钮，并把两个命令按钮的标题分别设置为"隐藏文本框"和"显示文本框"，如图 1-123 所示。当单击第一个命令按钮时，文本框消失；当单击第二个命令按钮时，文本框重新出现，并在文本框中显示"VB 程序设计"（字体大小为 16 磅）。

图 1-123 　题 3 图

4．设计一个计时程序，当程序运行后，单击"开始"按钮，则开始计时，文本框中显示秒数，单击"结束"按钮，则计时停止。单击窗口上的"关闭"按钮则退出。该程序用户界面如图 1-124 所示。

图 1-124 　题 4 图

5．创建一个封面窗体"StartUpForm"单击（Form_Click）事件，该事件完成在窗体"StartUpForm"装载后单击该窗体打开"MainForm"窗体的功能，并要求"MainForm"窗体打开后"StartUpForm"窗体不清除也不显示。

第 **2** 章 编程基础——简单程序设计

在 Windows 系统中有许多小工具软件，如计算器、记事本（见图 2-1）等。通过对 Visual Basic 的进一步学习，我们也能自己编辑出一些小工具软件，下面我们由简到繁地学习如何制作小工具软件。

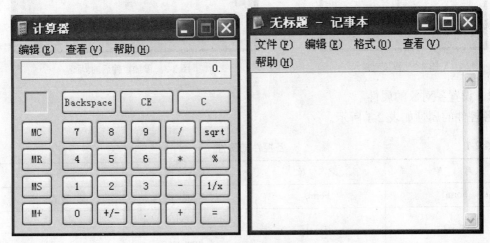

图 2-1　计算器和记事本

2.1　数　值　交　换

一、项目描述

从键盘分别输入两个数据，单击"交换"按钮完成两个数值的交换。

二、项目分析

这是一个数值交换小程序（见图 2-2）。分别在 Text1 和 Text2 中输入数值 1 和数值 2，单击"交换"按钮，则 Text1 中显示的是数值 2，Text2 中显示的是数值 1；单击"清除"按钮，则清除 Text1 和 Text2 中的内容；单击"结束"按钮，退出该程序。首先通过赋值语句将数据从文本框中取出，用不同的变量来存放数据，交换后再放入到文本框中，然后通过单击按钮来实现计算、清空和结束功能。

三、项目实现

准备工作

在本项目的示例开始之前，先在 D 盘中建立一级文件夹"数值交换"，用来保存本项目文件。

1. 创建用户界面

在窗体上建立 2 个标签（Label）控件 Label1 和 Label2；2 个文本框（TextBox）控件 Text1 和 Text2；3 个命令按钮（CommandButton）控件 Command1、Command2 和 Command3。界面布局如图 2-3 所示。

图 2-2　数值交换

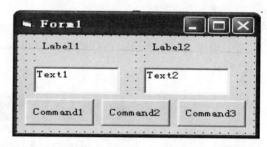

图 2-3　添加控件后的界面

2. 设置各对象的属性

各控件的属性如表 2-1 所示。

表 2-1　　　　　　　　　　　　　　各控件的属性

对　象	名　称	属　性	属 性 值
Form1	Form1	Caption	数值交换
Text1	Text1	Text	
		Fontsize	24
Text2	Text2	Text	
		Fontsize	24
Label1	Label1	Caption	数值 1
		Fontsize	20
Label2	Label2	Caption	数值 2
		Fontsize	20
Command1	Command1	Caption	交换
		Fontsize	14
Command2	Command2	Caption	清空
		Fontsize	14
Command3	Command3	Caption	结束
		Fontsize	14

属性设置完成后的效果，见图 2-2。

3．编写代码

（1）为命令按钮 Command1 添加单击事件，并在事件中添加如下代码，实现当单击按钮 Command1 时，交换 Text1 和 Text2 中的数据。

```
Private Sub Command1_Click()
    Dim a As Single
    a = Text1.Text
    Text1.Text = Text2.Text
    Text2.Text = a
End Sub
```

（2）为命令按钮 Command2 添加单击事件，并在事件中添加如下代码，实现当单击按钮 Command2 时，清除 Text1 和 Text2 中的数据。

```
Private Sub Command2_Click()
    Text1.Text = ""
    Text2.Text = ""
End Sub
```

（3）为命令按钮 Command3 添加单击事件，并在事件中添加如下代码，实现当单击按钮 Command3 时，结束程序。

```
Private Sub Command3_Click()
    End
End Sub
```

	Visual Basic 6.0 提供了丰富的数据类型				
类　型	名　称	字 节 数	类　型	名　称	字 节 数
字节型	Byte	1	货币型	Currency	8
布尔型	Boolean	2	日期型	Date	8
整型	Integer	2	对象型	Object	4
长整型	Long	4	变长字符串型	String	每个字符占 1 个字节
单精度型	Single	4			
双精度型	Double	8	定长字符串型	String*n	n 个字节
变体类型	Variant	若存放数值类型数据，占 16 个字节 若存放字符串类型数据，字符串长度与变长字符串相同			

常用数据类型介绍

1．整数是不带小数和指数的数，可以是正整数、负整数或者 0。

2．浮点数是带小数部分的实数。定点形式是用小数点分开整数部分和小数部分；浮点形式采用的是科学计数法，它由底数和指数两部分组成。

3．字符型数据是一个字符排列，用双引号括起来。

4．日期型数据除了可以表示日期之外，还可以表示时间。日期型的数据用一对"#"号括起来。

常　　量

1．在程序运行过程中，其值保持不变的量。

2．常量分直接常量和符号常量。直接常量是写在程序中的数据；符号常量主要是当程序中多次出现某个数据时，为便于程序修改和阅读，给它赋予一个名字，以后用到这个值时就用名字代表，但是必须要先定义，格式为：**Const**〈**符号常量名**〉**=**〈**常量**〉

变　　量

1．在程序运行过程中，其值可以变化的量。每个变量有一个名字和一定的数据类型，在内存中占有一定的存储单元，在该存储单元中存放变量的值。

2．变量一般要先声明，再使用。

格式：Dim 〈变量名〉[**As** 类型说明词]

说明：用 Dim 语句可以强制声明变量类型；在过程、函数中声明则只能在该过程、函数中使用，在窗体的通用部分声明则只能在本窗体中使用；未做任何声明的变量，称为隐式声明，Visual Basic 将其当作变体类型。

3．在 Visual Basic 中变量的命名是有一定规则的，其规则如下。

● 变量名的长度不能超过 255 个字符。

● 变量名的第一个字符必须是英文字母，其他字符可以由英文字母、阿拉伯数字和下划线组成。

● 变量名中不区分英文字母的大小写。

● 在同一个范围内变量名必须是唯一的。

● Visual Basic 中的保留字不能用做变量名，保留字包括属性、事件、方法、过程、函数等系统内部的标识符。

变量的初始值

在程序中声明了变量以后，Visual Basic 自动将数值类型的变量赋初值 0，变长字符串初始化为零长度的字符串（""），定长字符串则用空格填充，而逻辑型的变量初始化为 False。

4．运行程序

在文本框 Text1 中输入数值 12，在文本框 Text2 中输入数值 34，单击"交换"按钮后，运行结果如图 2-4 右图所示。单击"清空"按钮后，则清除 Text1 和 Text2 中的字符；单击"结束"按钮，则退出数值交换程序。

图 2-4　运行演示

5．保存

本项目窗体文件为 program1.frm，工程文件为 program1.vbp，并生成 program1.exe，最后在 Windows 系统中运行 program1.exe。

6. 拓展练习

如果将窗体中的数值变成字符，请思考应该如何修改窗体和代码，试一试，看你是否能够快速顺利地完成。

🔘 知识链接：代码书写规则

Visual Basic 和任何程序设计语言一样，编写代码也有一定的书写规则，Visual Basic 代码不区分字母的大小写，为了提高程序的可读性，Visual Basic 对用户程序代码进行自动转换：对于 Visual Basic 中的关键字，首字母总被转换为大写，其余字母被转换成小写；若关键字由多个英文单词组成，它会将每个单词首字母转换成大写；对于用户自定义的变量、过程名，Visual Basic 以第一次定义的为准，以后输入的自动向首次定义的转换。

📖 知识拓展：语句、命令的语法描述规则

为便于解释语句、方法和函数，本书在各语句、方法和函数的语法格式和功能说明中采用统一的符号约定。

各类语法描述符号及它们的含义如下。

"〈 〉"为必选参数项，尖括号中的中文提示说明，必须由使用者根据问题的需要提供具体的参数。如果缺少必选项参数，则发生语法错误。

"[ ]"为可选参数项，方括号中的项目由使用者根据具体问题决定选与不选。如果省略，则为默认。

"{ }"和"|"，包含多中取一的各项，竖线分隔多个选择项，必须选择其中之一。

"……"表示同类项目的重复出现。

注意：在书写具体的命令时，不能出现这些语法描述符号。

✏️ 教你一招：如何学习 Visual Basic

1. 语言规则要熟记。

2. 编程实验对能力提高最重要。在学习的各个不同的阶段，编程练习可以采取不同的方式：开始以模仿为主；理解、熟记常用的算法、方法、属性；尝试设计自己的程序；严格按照规定的格式书写程序。

2.2　简易文本编辑器

一、项目描述

本程序可以对文本框进行复制、剪切、粘贴、删除、清除等操作。

二、项目分析

这是一个简易文本编辑器（见图 2-5）。在 Text1 中选择需要复制或剪切的内容，单切"剪切"按钮可以实现剪切功能，单击"复制"按钮可以实现复制功能；然后将光标移动到需要粘贴的位置，单击"粘贴"按钮，即可把剪切或复制的内容粘贴到目标位置；单击"退出"

按钮结束。

在这个项目中，涉及文本编辑属性中的 SelText 属性，该属性是用来指定选定的字符，如果没有字符被选定的话，就是空字符。剪切、复制和粘贴功能是通过一个模块级变量来实现的。

三、项目实现

准备工作

在本项目的示例开始之前，先在 D 盘中建立一级文件夹"简易文本编辑器"，用来保存本项目文件。

1. 创建用户界面

在窗体上建立 1 个文本框（TextBox）控件 Text1；4 个命令按钮（CommandButton）控件 Command1、Command2、Command3 和 Command4。界面布局如图 2-6 所示。

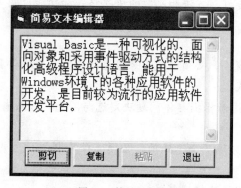

图 2-5 简易文本编辑器

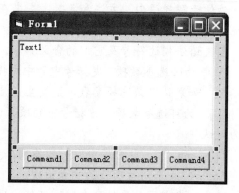

图 2-6 添加控件后的界面

2. 设置各对象的属性

各控件的属性如表 2-2 所示。

表 2-2   各控件的属性

对　象	名　称	属　性	属　性　值
Form1	Form1	Caption	简易文本编辑器
Text1	Text1	Text	Visual Basic 是一种可视化的、面向对象和采用事件驱动方式的结构化高级程序设计语言，能用于 Windows 环境下的各种应用软件的开发，是目前较为流行的应用软件开发平台。
		FontSize	12
		MultiLine	True
		ScrollBars	2-Vertical
Command1	Command1	Caption	剪切
		Height	360
		Width	900
Command2	Command2	Caption	复制
		Height	360
		Width	900

续表

对 象	名 称	属 性	属 性 值
Command3	Command3	Caption	粘贴
		Height	360
		Width	900
		Enabled	False
Command4	Command4	Caption	退出
		Height	360
		Width	900

属性设置完成后的界面，如图 2-7 所示。

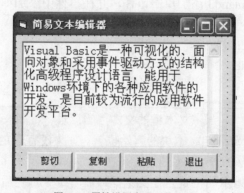

图 2-7　属性设置完成后的界面

3．编写代码

（1）在通用对象声明部分声明模块级变量。声明 strPaste 变量为模块级字符串变量，用于存放剪切或复制按钮所取得的字符，便于粘贴使用。

Dim strPaste As String

变量的范围

在一个过程内部声明变量时，只有过程内部的代码才能访问或改变这个变量的值，它有一个范围，对该过程来说是局部的。但是，有时需要变量的值对于同一模块内的所有过程都有效，甚至对于整个应用程序的所有过程都有效。

变量的分类

按变量的作用范围分，有局部变量和全局变量。

按变量的定义位置分，有过程级变量和模块级变量。

按变量的生存期限分，有静态变量和动态变量。

模块级变量

在模块的开头部分（通用段）定义的变量，叫做模块级变量。

（2）为命令按钮 Command1 添加单击事件，并在事件中添加如下代码，实现当单击按钮 Command1 时，将选定的字符串赋值给 strPaste 变量，并将选定字符串删除，然后将粘贴按钮设为可用。

Private Sub Command1_Click()

```
        strPaste = Text1.SelText
        Text1.SelText = ""
        Command3.Enabled = True
    End Sub
```

（3）为命令按钮 Command2 添加单击事件，并在事件中添加如下代码，实现当单击按钮
Command2 时，将选定的字符串赋值给 strPaste 变量，并将粘贴按钮设为可用。

```
    Private Sub Command2_Click()
        strPaste = Text1.SelText
        Command3.Enabled = True
    End Sub
```

（4）为命令按钮 Command3 添加单击事件，并在事件中添加如下代码，实现当单击按钮
Command3 时，将 strPaste 变量中的字符串复制到光标所在位置。

```
    Private Sub Command3_Click()
        Text1.SelText = strPaste
    End Sub
```

文本框的文本编辑属性

SelStart 属性：用来指定选定文本块的起始位置。如果没有选定的文本，则该属性指定光标的位置。若 SelStart 值为 0，所指示的位置是在文本框第一个字符之前；若 SelStart 值等于文本框中文本的长度，所指示的位置是在文本框最后一个字符之后。

SelLength 属性：用来指定所选的字符个数。

SelText 属性：用来指定选定的字符。如果没有字符被选定，则为空字符串。

以上 3 个与文本选定操作有关的属性只能在程序代码中进行读写操作，设计时不可用。

（5）为命令按钮 Command4 添加单击事件，并在事件中添加如下代码，实现当单击按钮
Command4 时，退出程序。

```
    Private Sub Command4_Click()
        End
    End Sub
```

4．运行程序

选中文本框 Text1 中的字符，单击"剪切"按钮后字符消失，将光标移动到目标位置，再单击"粘贴"按钮，内容就会粘贴到目标位置；选中文本框 Text1 中的字符，单击"复制"按钮后，将光标移动到目标位置，再单击"粘贴"按钮，内容就会粘贴到目标位置；单击"退出"按钮，则结束程序。

5．保存

本项目窗体文件为 program2.frm，工程文件为 program2.vbp，并生成 program2.exe，最后在 Windows 系统中运行 program2.exe。

6．拓展练习

如果想再添加 2 个"全选"和"清空"按钮，请思考应该如何修改窗体和代码，试一试，你是否能够快速顺利地完成。

⚙ **知识链接：ClipBoard 对象**

ClipBoard 对象用于操作剪贴板上的文本和图形。它使用户能够复制、剪切和粘贴应用程序中的文本和图形。

1. SelText 方法

格式：ClipBoard.SelText string

功能：将指定的文本字符串 string 放到 ClipBoard 对象中。

例题：将文本框 Text1 中选定的内容放到剪贴板上。语句为：

ClipBoard.SelText Text1.SelText

2. GetText 方法

格式：ClipBoard.GetText

功能：返回 ClipBoard 对象中的文本字符串。

例题：将剪贴板上的内容粘贴到文本框 Text1 的插入点。语句为：

Text1.SelText　= ClipBoard.GetText

3. Clear 方法

格式：ClipBoard.Clear

功能：清空 ClipBoard 对象中的内容。

2.3　简易计算器

一、项目描述

从键盘分别输入两个数据，单击"开始"按钮，就可以进行加、减、乘、除的四则运算，并将结果显示在文本框中。

二、项目分析

这是一个简易计算器（见图 2-8）。分别在 Text1 和 Text2 中输入数值 1 和数值 2，单击"开始"按钮，则"加"、"减"、"乘"、"除"按钮就会由不可用状态转变为可用状态，当单击"加"按钮时，运算符会变为加号"+"，而且在 Text3 中就会显示出两个数值的和，其他运算依此类推。

三、项目实现

准备工作

在本项目的示例开始之前，先在 D 盘中建立一级文件夹"简易计算器"，用来保存本项目文件。

1. 创建用户界面

在窗体上建立 3 个文本框（Text Box）控件 Text1、Text2 和 Text3；2 个标签（Label）控件 Label1 和 Label2；5 个命令按钮（Command Button）控件 Command1、Command2、Command3、Command4 和 Command5。界面布局如图 2-9 所示。

图 2-8   简易计算器

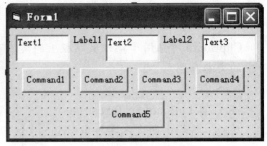

图 2-9   添加控件后的界面

2. 设置各对象的属性

各控件的属性如表 2-3 所示。

表 2-3   各控件的属性

对 象	名 称	属 性	属 性 值
Form1	Form1	Caption	简易计算器
Text1	Text1	Text	
		Fontsize	12
Text2	Text2	Text	
		Fontsize	12
Text3	Text3	Text	
		Fontsize	12
Label1	Label1	Caption	+
		Fontsize	20
Label2	Label2	Caption	=
		Fontsize	20
Command1	Command1	Caption	加
		Enabled	False
Command2	Command2	Caption	减
		Enabled	False
Command3	Command3	Caption	乘
		Enabled	False
Command4	Command4	Caption	除
		Enabled	False
Command5	Command5	Caption	开始

属性设置完成后的界面，如图 2-10 所示。

图 2-10   属性设置完成后的界面

Enabled 属性

返回或设置控件是否响应用户生成的事件，即控件是否可用。当 Enabled 的属性值为 False 时，表示控件不可用；属性为 True 时，表示控件可用；默认值为 True。

Enabled 属性可以在设计时设置，也可以在运行时用赋值语句为其赋值。

3．编写代码

（1）在通用对象声明部分声明变量 a、b、c 分别为模块级单精度型变量。

Dim a As Single, b As Single, c As Single

（2）为命令按钮 Command5 添加单击事件，并在事件中添加如下代码，实现当单击按钮 Command5 时，将 Text1 和 Text2 文本框中的字符赋值给模块级变量 a 和 b，然后将 Command1、Command2、Command3、Command4 的按钮设为可用。

```
Private Sub Command5_Click()
    a = Val(Text1.Text)
    b = Val(Text2.Text)
    Command1.Enabled = True
    Command2.Enabled = True
    Command3.Enabled = True
    Command4.Enabled = True
End Sub
```

转 换 函 数

1．Str(x)：返回把数值型数据 x 转换为字符型后的字符串。

2．Val(x)：把一个数字字符串 x 转换为相应的数值。

（3）为命令按钮 Command1 添加单击事件，并在事件中添加如下代码，实现当单击按钮 Command1 时，运算符变为"+"，求解 a+b 的和后放入 Text3 中，之后将本按钮设为不可用。

```
Private Sub Command1_Click()
    Label1.Caption = "+"
    c = a + b
    Text3.Text = c
    Command1.Enabled = False
End Sub
```

（4）为命令按钮 Command2 添加单击事件，并在事件中添加如下代码，实现当单击按钮 Command2 时，运算符变为"-"，求解 a-b 的差后放入 Text3 中，之后将本按钮设为不可用。

```
Private Sub Command2_Click()
    Label1.Caption = "-"
    c = a - b
    Text3.Text = c
    Command2.Enabled = False
End Sub
```

（5）为命令按钮 Command3 添加单击事件，并在事件中添加如下代码，实现当单击按钮 Command3 时，运算符变为"*"，求解 a*b 的积后放入 Text3 中，之后将本按钮设为不可用。

```
Private Sub Command3_Click()
    Label1.Caption = "*"
    c = a * b
    Text3.Text = c
    Command3.Enabled = False
End Sub
```

（6）为命令按钮 Command4 添加单击事件，并在事件中添加如下代码，实现当单击按钮 Command4 时，运算符变为"/"号，求解 a/b 的商后放入 Text3 中，之后将本按钮设为不可用。如果除数为 0，则会弹出对话框提醒用户"除数不能为 0"，如图 2-11 所示。

图 2-11　除数不能为 0

```
Private Sub Command4_Click()
    On Error GoTo err1
    Text3.Text = ""
    Label1.Caption = "/"
    c = a / b
    Text3.Text = c
    Command4.Enabled = False
    Exit Sub
err1:
    MsgBox "除数不能为 0"
    Command4.Enabled = False
End Sub
```

运算符和表达式

Visual Basic 中具有丰富的运算符，通过运算符和操作数组合成表达式，实现程序编制中所需的大量操作。

算术表达式

1. 算术运算符：乘方（^）、乘法（*）、除法（/）、整除（\）、求余数（mod）、加法（+）、减法（-）。

注意：整除（\）和求余数（mod）运算只能对整型数据进行，如果其两边的任一个操作数为实型，则 Visual Basic 会自动将其四舍五入，再用四舍五入后的值作整除或求余数运算。

2. 优先级：在一个表达式中可以出现多个运算符，因此必须确定这些运算符的运算顺序。因为对同一个表达式，如果运算顺序不同，所得结果也就不同。

算术运算的运算顺序如下：乘方→取负→乘、除→整除→求余数→加、减

同级运算按自左至右顺序进行，在表达式中加括号可以改变表达式的求值顺序。

3. Visual Basic 的算术表达式与数学表达式在写法上应注意区别：不能漏写运算符；Visual Basic 算术表达式中使用的括号都是圆括号。

字符串表达式

   1. 字符串运算符："+"和"&"，用于连接两边的字符串表达式。

   2. 说明："&"具有自动将非字符串类型的数据转换成字符串后再进行连接的功能，而"+"则不能。

关系表达式

   1. 关系运算符：<、<=、>、>=、=、<>。

   2. 关系表达式求值：比较运算符两边的表达式是否满足条件，若满足条件运算结果为 True，否则为 False。

逻辑表达式

   1. 逻辑运算符：NOT(非)、AND（与）、OR（或）。

   2. 优先级：NOT→AND→OR。

   注：算术运算符的优先级最高、关系运算符的优先级其次、逻辑运算符的优先级最低。

On Error GoTo

   在程序运行时若产生错误，程序将终止执行。对可预见的运行错误，可以用 On Error GoTo 语句捕获，并将控制转去执行一段预先写好的处理错误的语句。

   格式：On Error GoTo L1

   功能：在执行该语句后，若发生运行错误，控制将转去执行标号为 L1 的语句。

MsgBox 函数

   1. 格式：<变量名>=MsgBoxBox(<提示信息>)[,[<对话框标题>][,<默认值>]]

   2. 功能：InputBox 函数也称为消息对话框，用户单击按钮后返回一个整数以标明单击了哪个按钮。

   3. 说明：<提示信息>指定在对话框中出现的文本信息；<对话框类型>指定对话框中出现的按钮和图标样式；<对话框标题>指定对话框的标题信息。

   一般要通过 3 个参数的不同取值来获得所需要的按钮、图标样式以及默认按钮，详细规则如表 2-4、表 2-5、表 2-6 所示。

表 2-4   按钮样式

值	按 钮 样 式	值	按 钮 样 式
0	"确定"按钮	3	"是"、"否"和"取消"按钮
1	"确定"和"取消"按钮	4	"是"、"否"按钮
2	"终止"、"重试"和"忽略"按钮	5	"重试"和"取消"按钮

表 2-5   图标样式

值	图 标 样 式	值	图 标 样 式
16	停止图标	48	感叹号（！）图标
32	问号（？）图标	64	消息图标

表 2-6	默认按钮
值	说　　明
0	第一按为默认按钮
256	第二按为默认按钮
512	第三按为默认按钮

函数 MsgBox 对用户在消息对话框中所单击的不同按钮，将返回产生 1 个不同的数值，其对应关系如表 2-7 所示。根据函数 MsgBox 的不同返回值编程，实现编程者的设计意图。

表 2-7	单击消息对话框中不同按钮导致的不同返回值			
返回值	按　　钮	返回值	按　　钮
1	"确定"按钮	5	"忽略"按钮
2	"取消"按钮	6	"是"按钮
3	"终止"按钮	7	"否"按钮
4	"重试"按钮		

4．运行程序

程序运行后，在文本框 Text1 中输入数值 12，在文本框 Text2 中输入数值 4，单击"开始"按钮后，"加"、"减"、"乘"、"除" 4 个按钮均为可用。单击"减"按钮后，则求出 Text1 和 Text2 中两个数值的差后显示在 Text3 中，并且"减"变为不可用，如图 2-12 所示。其他运算依此类推，当所有运算都完成后，"加"、"减"、"乘"、"除"按钮全部不可用，这时只有单击"开始"按钮才

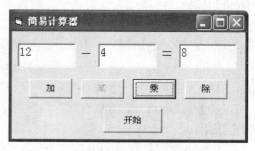

图 2-12　减法运算

可继续求解。如果除数为 0，则会弹出对话框提醒用户"除数不能为 0"。

5．保存

保存本项目窗体文件为 program4.frm，工程文件为 program4.vbp，并生成 program4.exe，最后在 Windows 系统中运行 program4.exe。

6．拓展练习

如果将窗体中的数值运算变为关系运算（＝、＜、≤、≥、＞、＜＞），请思考应该如何修改窗体和代码，试一试，看你是否能够快速顺利地完成。要考虑到关系运算的对象可以是数值，也可以是字符。

🔘 **知识链接：函数**

字符串函数

1．Ltrim(x)：返回删除字符串 x 前导空格符后的字符串。

2．Rtrim(x)：返回删除字符串 x 尾随空格符后的字符串。

3．Trim(x)：删除字符串 x 前导和尾随空格符后的字符串。

4．Left(x,n)：返回字符串 x 前 n 个字符所组成的字符串。

5. Right(x,n)：返回字符串 x 后 n 个字符所组成的字符串。

6. Mid(x,m,n)：返回字符串 x 从第 m 个字符起的 n 个字符所组成的字符串。

7. Len(x)：返回字符串 x 的长度。

8. Lcase(x)：返回以小写字母组成的字符串。

9. Ucase(x)：返回以大写字母组成的字符串。

10. space(n)：返回由 n 个空格字符组成的字符串。

11. instr(x)：字符串查找函数，返回字符串 y 在字符串 x 中首次出现的位置。

数学函数

1. Sin(x)：返回正弦值。

2. Cos(x)：返回余弦值。

3. Tan(x)：返回正切值。

4. Atan(x)：返回反正切值。

5. Abs(x)：返回 x 的绝对值。

6. Exp(x)：返回 e^x 的值。

7. Log(x)：返回 x 的自然对数。

8. Sgn(x)：符号函数。

当 x>0 时，函数值为 1；当 x=0 时，函数值为 0；当 x<0 时，函数值为-1。

9. Sqr(x)：返回 x 的平方根。

10. Int(x)：返回不大于 x 的最大整数。

11. Fix(x)：返回 x 的整数部分。

日期和时间函数

1. Data：返回系统当前日期。

2. Time：返回系统当前时间。

3. Now：返回系统当前日期、时间。

4. Minute(Now)、Minute(Time)：返回系统当前时间 "hh:mm:ss" 中的分值。

5. Second(Now)、Second(Time)：返回系统当前时间 "hh:mm:ss" 中的秒值。

2.4 体育彩票模拟器

一、项目描述

模拟摇号，自动生成 3 个一位数，与预测号码作比较，如果号码相同，则提示用户 "祝贺你，你中奖了！" 否则提示 "再接再厉哦！"

二、项目分析

这是一个体育彩票模拟器（见图 2-13）。单击 "预测" 按钮，通过输入对话框，输入一个三位的预测号码后显示在预测号码文本框 Text4 中；单击 "摇号" 按钮，自动生成 3 个一位数分别显示在文本框 Text1、Text2、Text3 中，并与用户预测的号码进行比较，如果相同的话，则提示 "祝贺你，你中奖了！" 否则提示 "再接再厉哦！"。

三、项目实现

准备工作

在本项目的示例开始之前，先在 D 盘中建立一级文件夹"体育彩票模拟器"，用来保存本项目文件。

1. 创建用户界面

在窗体上建立 2 个标签（Label）控件 Label1 和 Label2；4 个文本框（TextBox）控件 Text1、Text2、Text3 和 Text4；3 个命令按钮（CommandButton）控件 Command1、Command2 和 Command3。界面布局如图 2-14 所示。

图 2-13　体育彩票模拟器

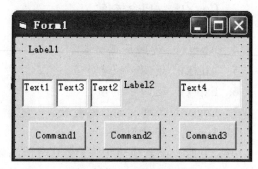

图 2-14　添加控件后的界面

2. 设置各对象的属性

各控件的属性如表 2-8 所示。

表 2-8　　　　　　　　　　　　各控件的属性

对　　象	名　　称	属　　性	属　性　值
Form1	Form1	Caption	体育彩票模拟器
Label1	Label1	Caption	体彩排列 3 模拟器
		Fontsize	24
		Alignment	2-Center
Text1~Text3	Text1~Text3	Text	
		Height	360
		Width	900
Text4	Text4	Text	
		Width	1000
		MaxLength	3
Label2	Label2	Caption	预测号码：
		Fontsize	14
Command1	Command1	Caption	预测
		TabIndex	0
Command2	Command2	Caption	摇号
		Enabled	False
Command3	Command3	Caption	退出

属性设置完成后的界面，如图 2-15 所示。

3．编写代码

（1）在通用对象声明部分声明变量 x 为模块级整型变量。

Dim x As Integer

（2）为命令按钮 Command1 添加单击事件，并在事件中添加如下代码，实现当单击按钮 Command1 时，通过输入框输入一个三位数的预测号码，如果用户输入的不是三位数，则提示用户"请输入一个三位整数"，如图 2-16 所示。

图 2-15　属性设置完成后的界面

图 2-16　请输入一个三位数

```
Private Sub Command1_Click()
    x = Val(InputBox("请输入一个你预测的号码，此数字必须为三位数的整数"))
    If x >= 100 And x <= 999 Then
        Text4.Text = x
    Else
        MsgBox ("请输入一个三位整数")
    End If
    Command2.Enabled = True
End Sub
```

InputBox 函数

1．格式：<变量名>=InputBox(<提示信息>)[,[<对话框标题>][,<默认值>]]

2．功能：InputBox 函数也称为输入对话框，返回用户在对话框中输入的信息。

3．说明：<提示信息>指定在对话框中出现的文本信息；<对话框标题>指定对话框的标题信息；<默认值>可以指定文本框中显示的默认信息；系统默认用该函数输入的数据为字符串类型，转换为与变量同一类型后赋值给变量。

IF 分支结构

1．行 IF 语句

　　格式：IF〈条件〉THEN〈语句1〉[ELSE〈语句2〉]

　　功能：条件成立执行语句1，否则执行语句2；可以默认关键字 ELSE 和语句2。

　　说明：行 IF 语句必须在同一行内写完；Visual Basic 的 1 条语句如果太长，需要写在多行上，则应在行结束处插入" _"（空格加下划线）后再按回车键。

2．块 IF 语句

　　格式：IF〈条件〉THEN

　　　　　　　〈语句1〉

> [ELSE
> 　〈语句2〉]
> END IF
> **功能：** 条件成立执行语句 1，否则执行语句 2；可以默认关键字 ELSE 和语句 2。
> **说明：** 语句 1、语句 2 可以是多条 Visual Basic 可执行语句，可包含选择结构、循环结构；在使用时必须注意每一个 IF 与 END IF 的对应关系。

（3）为命令按钮 Command2 添加单击事件，并在事件中添加如下代码，实现当单击按钮 Command2 时，随机生成 3 个一位数的随机数显示在文本框 Text1 至 Text3 中，并判断与用户预测的号码是否相同，相同则提示"祝贺你，你中奖了!"，否则提示"再接再厉哦!"如图 2-17 所示。

图 2-17　再接再厉哦！

```
Private Sub Command2_Click()
    Dim y As Integer
    Randomize
    Text1.Text = Int(Rnd * 10)
    Text2.Text = Int(Rnd * 10)
    Text3.Text = Int(Rnd * 10)
    y = Val(Text1.Text & Text2.Text & Text3.Text)
    If x = y Then
        MsgBox ("祝贺你，你中奖了!")
    Else
        MsgBox ("再接再厉哦!")
    End If
End Sub
```

随机数语句与函数

1. **Randomize 语句**：用于初始化 Visual Basic 的随机数函数发生器（为其赋初值）。
2. **Rnd 函数**：产生 0～1 的随机数。
一般要得到[A、B]之间的随机整数，可用公式：$Int(Rnd*(B-A+1)+A)$

（4）为命令按钮 Command3 添加单击事件，并在事件中添加如下代码，实现当单击按钮 Command3 时，退出程序。

```
Private Sub Command3_Click()
    End
End Sub
```

4．运行程序

单击"预测"按钮，在弹出的对话框中输入一个三位的预测号码 123，如图 2-18 所示，单击"确定"按钮后显示在预测号码文本框中；单击"摇号"按钮，自动生成 3 个一位数，显示在文本框 Text1～Text3 中（见图 2-19），并与预测的号码进行比较，如果相同，则显示"祝贺你，你中奖了!"否则显示"再接再厉哦!"单击"退出"按钮，则退出程序。

图 2-18 输入预测号码对话框

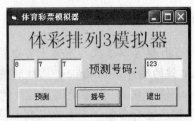

图 2-19 生成模拟号后的模拟器

5. 保存

保存本项目窗体文件为 program4.frm，工程文件为 program4.vbp，并生成 program4.exe，最后在 Windows 系统中运行 program4.exe。

6. 拓展练习

如果将窗体中"体彩排列 3"改为猜大小数，请思考应该如何修改窗体和代码，试一试，看你是否能够快速顺利地完成。

知识链接：其他分支语句形式

字符串函数

1. IIf 函数

格式：result=IIf(条件,True 部分，False 部分)

功能：当"条件"为真时，IIf 函数返回"True 部分"，而当"条件"为假时返回"False 部分"。

说明："True 部分"或"False 部分"可以是表达式、变量或其他函数。IIf 函数中的 3 个参数都不能省略，并且要求"True 部分"、"False 部分"及结果变量的类型一致。

2. 情况选择结构分支

格式：

Select Case <测试表达式>

[Case <表达式列表 1>

    [<语句块 1>]]

[Case <表达式列表 2>

    [<语句块 2>]]

…

[Case Else

    [<语句块 *n*+1>]]

End Select

功能：自上而下顺序地判断测试表达式的值与表达式列表中的哪一个匹配，如有匹配则执行相应语句块，然后转到 End Select 的下一语句；若所有的值都不匹配，执行 Case Else 所对应的语句块，如省略 Case Else，则直接转移到 End Select 的下一句。

说明：情况选择结构用于多路选择，根据测试表达式的不同取值决定执行该结构的哪一个分支。测试表达式可以是数值表达式或字符串表达式；表达式列表是由多个表达式用逗号间隔组成，其中表达式可以是单个表达式（单值）、"表达式 To 表达式"（数值范围）、"Is 关系运算符 表达式"（比较测试表达式与其他表达式的关系）。

知识拓展：焦点

按 Tab 键可以依次在窗体上可以获得焦点的控件上移动焦点。TabIndex 属性确定控件响应 Tab 键的顺序。TabIndex 属性的值依照控件建立的顺序自动获得，第一个建立的控件的 TabIndex 值为 0。可以重新设置控件的 TabIndex 属性来改变按 Tab 键获得焦点的顺序，通常将希望程序运行后第一个自动获得焦点的控件的 TabIndex 属性设置为 0。

格式：控件名称.SetFocus

说明：主动将焦点移动到指定的控件上。不能获得焦点的控件不支持 SetFocus 方法，例如标签控件。

2.5　字体设置模拟器

一、项目描述

可以模拟完成文字的颜色、字体、字形和效果的设置。

二、项目分析

这是一个字体设置模拟器（见图 2-20）。先分别设置文字的颜色、字体、字形和效果，设置好以后，单击"确定"按钮后完成设置。

三、项目实现

准备工作

在本项目的示例开始之前，先在 D 盘中建立一级文件夹"字体设置模拟器"，用来保存本项目文件。

1．创建用户界面

在窗体上建立 4 个标签（Label）控件 Label1、Label2、Label3 和 Label4；1 个框架 Frame1 里面放置 3 个单选钮（Option）按钮 Option1、Option2 和 Option3；另 1 个框架 Frame2 里面放置 2 个复选框（Check）按钮 Check1 和 Check2；2 个组合框（Combo）控件 Combo1 和 Combo2；2 个命令按钮（CommandButton）控件 Command1 和 Command2。界面布局如图 2-21 所示。

图 2-20　字体设置模拟器

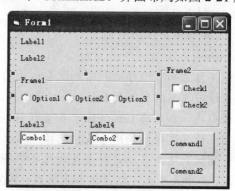

图 2-21　添加控件后的界面

2．设置各对象的属性

各控件的属性如表 2-9 所示。

表 2-9　　　　　　　　　　　　各控件的属性

对　　象	名　　称	属　　性	属　性　值
Form1	Form1	Caption	字体格式
Label1	Label1	Caption	字体格式效果
		AutoSize	True
Label2	Label2	Caption	VB 程序设计
		BorderStyle	1-Fixed Single
Frame1	Frame1	Caption	颜色
Option1	Option1	Caption	红
Option2	Option2	Caption	绿
Option3	Option3	Caption	蓝
Label3	Label3	Caption	字体
		AutoSize	True
Label4	Label4	Caption	字形
		AutoSize	True
Combo1	Combo1	Style	1-Simple Combo
Combo2	Combo2	Style	1-Simple Combo
Frame2	Frame2	Caption	效果
Check1	Check1	Caption	下划线
Check2	Check2	Caption	删除线
Command1	Command1	Caption	确定
Command2	Command2	Caption	退出

属性设置完成后的界面，如图 2-22 所示。

图 2-22　属性设置完成后的界面

复　选　框

　　复选框控件是提供选择项的控件，选中时，复选框中会有选中标记（√）；清除时，选中标记会消失，每单击一次复选框，其状态在选中和清除之间交替切换。每个复选框之间都是相互独立的，用户可以同时选中多个复选框。

复选框控件的默认名称为 Check1、Check2…

1．属性

Caption 属性：返回或设置复选框控件的标题，用于给出选项提示。

Value 属性：返回或设置复选框的选中状态。为 0 时（默认值），复选框控件的方框内为空白；为 1 时，复选框控件的方框内显示选中标记（√）；为 2 时，复选框控件的方框内显示灰色选中标记（√）。

运行时反复单击同一复选框控件时，其 Value 属性值只能在 0、1 之间交替变换。

2．常用事件

复选框控件的常用事件为 Click 事件，不支持鼠标双击事件，系统把一次双击解释为两次单击事件。

单　选　钮

单选钮控件是提供选项的控件，在一个容器内所有单选钮所提供的选项中，用户只能选中其中一个。当用户单击单选钮时，就选中了这个选项，在单选钮的圆形框内会出现选中标记(·)，同时自动取消这组按钮中其他单选钮的选中标记。

单选钮控件的默认名称为 Option1、Option2…

1．属性

Caption 属性：返回或设置单选钮控件的标题，用于给出选项提示。

Value 属性：返回或设置单选钮的选中状态。为 False 时（默认值），单选钮控件的圆形框内为空白；为 True 时，单选钮控件的圆形框内显示选中标记（·）。

运行时反复单击同一单选按钮控件时，其 Value 属性值只能取 Ture，只有单击了其他的单选按钮才会使这个单选钮的 Value 属性值变为 False。

2．常用事件

单选钮控件的常用事件为 Click 事件。

框　　架

框架控件的主要作用是对窗体上的控件进行分组，它是一个容器控件。在框架内的控件的 Left 和 Top 属性值都是相对于框架的边界衡量的，当移动框架时，框架内的控件也随之移动，但是框架内的控件的 Left 和 Top 属性值并没有改变。

框架控件的默认名称为 Frame1、Frame2…

框架的 Caption 属性设置框架的标题，并对框架的内容进行说明。

组　合　框

组合框控件兼有列表框和文本框的特性：组合框中的列表框部分提供选择列表项，文本框部分显示选定列表项的内容或进行输入。

组合框控件的默认名称为 Combo1、Combo2…

1．属性

Text 属性：返回或设置组合框中所选中列表项的文本或下拉式组合框和简单组合框的文本框中输入的文本。

List 属性：返回或设置组合框控件的列表项。

ListCount 属性：返回组合框中列表项的个数。

ListIndex 属性：返回或设置组合框中当前选中列表项的索引，如果没有选中任何一项，则该属性值为-1。

　　Style 属性：返回或设置组合框的样式，Style 属性是只读属性，只能在设计时设置。属性值为 0（默认值）时，为下拉式组合框；为 1 时，为简单组合框；为 2 时，为下拉式列表框。

　　2．常用事件

　　组合框的常用事件有 Click 事件、DblClick 事件、KeyPress 事件和 Change 事件。

　　3．常用方法

　　AddItem 方法：将列表项文本添加到列表框中。

　　RemoveItem 方法：删除列表框中索引值指定的列表项。

　　Clear 方法：清除列表框控件中的所有列表项。

列 表 框

　　列表框可以在较小的区域内为用户提供更多的选项。

　　列表框控件的默认名称为 List1、List2…

　　1．属性

　　List 属性：返回或设置列表框控件的列表项。

　　ListCount 属性：返回列表框中列表项的个数。

　　ListIndex 属性：返回或设置列表框中当前选中列表项的索引，如果没有选中任何一项，则该属性值为-1。

　　Text 属性：返回列表框中当前选中的列表项的内容。

　　2．常用事件

　　列表框的常用事件有 Click 事件、DblClick 事件和 KeyPress 事件。

　　3．编写代码

　　（1）为窗体 Form1 添加装载事件，并在事件中添加如下代码，实现当窗体装载时，为组合框控件 1 的 List 属性添加列表项"宋体"、"隶书"和"楷体"；为组合框控件 2 的 List 属性添加列表项"常规"和"加粗"；设置 Option3 为选中状态；设置 Label2 的前景色为蓝色。

```
Private Sub Form_Load()
    Combo1.AddItem "宋体"
    Combo1.AddItem "隶书"
    Combo1.AddItem "楷体"
    Combo1.Text = "宋体"
    Combo2.AddItem "常规"
    Combo2.AddItem "加粗"
    Combo2.Text = "常规"
    Option3.Value = True
    Label2.ForeColor = RGB(0, 0, 255)
End Sub
```

　　（2）为命令按钮 Command1 添加单击事件，并在事件中添加如下代码，实现当单击按钮 Command1 时，根据颜色、字体、字形和效果已设选项来设置 Label2 中文本的格式。

```
Private Sub Command1_Click()
```

```
        If Combo1.Text = "宋体" Then
            Label2.FontName = "宋体"
        ElseIf Combo1.Text = "隶书" Then
            Label2.FontName = "隶书"
        Else
            Label2.FontName = "楷体_GB2312"
        End If
        If Combo2.Text = "常规" Then
            Label2.FontBold = False
        Else
            Label2.FontBold = True
        End If
        If Option1.Value Then
            Label2.ForeColor = RGB(255, 0, 0)
        ElseIf Option2.Value Then
            Label2.ForeColor = RGB(0, 255, 0)
        Else
            Label2.ForeColor = RGB(0, 0, 255)
        End If
        If Check1.Value = 1 Then
            Label2.FontUnderline = True
        Else
            Label2.FontUnderline = False
        End If
        If Check2.Value = 1 Then
            Label2.FontStrikethru = True
        Else
            Label2.FontStrikethru = False
        End If
    End Sub
```

（3）为命令按钮 Command2 添加单击事件，并在事件中添加如下代码，实现当单击按钮 Command2 时，退出程序。

```
    Private Sub Command2_Click()
        End
    End Sub
```

4．运行程序

程序运行的初始界面如图 2-23 所示。设置颜色为红色，字体为隶书，字形为加粗，效果为下划线后，单击"确定"按钮，就可以在字体格式效果中看到设置后的效果（见图 2-20）。单击"退出"按钮，则退出程序。

图 2-23　程序运行初始界面

5. 保存

保存本项目窗体文件为 program5.frm，工程文件为 program5.vbp，并生成 program5.exe，最后在 Windows 系统中运行 program5.exe。

6. 拓展练习

如果在窗体中添加字号的设置，请思考应该如何修改窗体和代码，试一试，看你是否能够快速顺利地完成。

⚒ 小技巧：向框架内添加控件的方法

方法一：先建立框架控件，然后选定工具箱中的控件，在框架内进行拖画。

方法二：已分别建立了控件和框架，可以选定控件进行"剪切"操作，再选定框架进行"粘贴"操作，最后调整控件在框架中的位置。

2.6　ASCII 码表

一、项目描述

单击窗体后，就会在窗体中显示出 ASCII 码对照表。

二、项目分析

这是一个 ASCII 码表（见图 2-24），其中涉及 ASCII 字符的转换、输出语句 Print 和循环语句的使用。

三、项目实现

准备工作

在本项目的示例开始之前，先在 D 盘中建立一级文件夹"ASCII 码表"，用来保存本项目文件。

1. 创建用户界面

新建一个窗体，界面布局如图 2-25 所示。

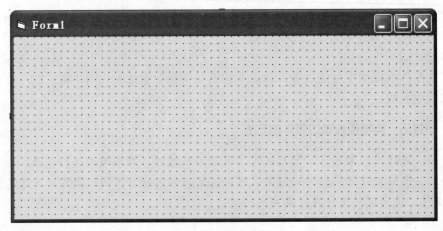

图 2-24   ASCII 码表

图 2-25   窗体界面

2．设置对象属性

控件的属性如表 2-10 所示。

表 2-10   控件的属性

对 象	名 称	属 性	属 性 值
Form1	Form1	Caption	ASCII 码表
		Height	3600
		Width	7500

3．编写代码

为窗体 Form1 添加单击事件，并在单击事件中添加如下代码，实现当窗体单击时在窗体中显示出 ASCII 码对照表。

```
Private Sub Form_Click()
    Dim intASC As Integer, i As Integer
    Cls
    Print
    Me.FontSize = 10
```

```
Print Tab(29); "ASCII 码对照表"
Me.FontSize = 9
Print " "; String$(79, "-")
For intASC = 32 To 126
    Print Tab(10 * i + 3); Chr(intASC); " ="; intASC;
    i = i + 1
    If i = 8 Then
        i = 0
        Print
    End If
Next intASC
Print vbCr; " "; String$(79, "-")
End Sub
```

循 环 结 构

循环是指在程序设计中，有规律地反复执行某一程序块的现象，被重复执行的程序块称为"循环体"。Visual Basic 提供的设计循环结构的语句有：For-Next、While-Wend、Do-Loop 等。

For-Next 语句

格式： FOR 〈控制变量〉=〈初值〉TO〈终值〉[STEP〈步长〉]

　　　　循环体

　　　　NEXT〈控制变量〉

功能： 重复执行 For 语句和 Next 语句之间的语句序列。

说明： 步长默认值为 1；循环变量取值不合理，则不执行循环；循环体中可以出现语句"Exit For"，用于控制转移到 Next 后一语句；循环正常结束（未执行 Exit For 等控制语句）后，控制变量为最后 1 次取值加步长。

执行过程：

（1）计数变量取初值。

（2）若增量值为正，则测试计数变量的值是否大于终值，若大于终值，则退出循环；若增量值为负，则测试计数变量的值是否小于终值，若小于终值，则退出循环。

（3）执行循环体。

（4）计数变量加上增量值，即计数变量=计数变量+增量值。

（5）重复步骤（2）至步骤（4）。

4．运行程序

运行程序后，单击窗体弹出如图 2-24 所示的 ASCII 码表。

5．保存

保存本项目窗体文件为 program6.frm，工程文件为 program6.vbp，并生成 program6.exe，最后在 Windows 系统中运行 program6.exe。

6．拓展练习

如果想在窗体中输出九九乘法表，请思考应该如何修改代码，试一试，看你是否能够快

2.7　鸡 兔 同 笼

一、项目描述

鸡有两条腿，兔有 4 条腿，鸡兔同笼。已知鸡和兔的总只数和总腿数，求鸡、兔各有多少只。

二、项目分析

这是一个鸡兔同笼的问题，单击"我来出题"按钮后，在输入对话框中分别输入鸡兔总数和鸡兔总腿数，就会在窗体中以红色的字体显示出所求的结果，如图 2-26 所示。

三、项目实现

准备工作

在本项目的示例开始之前，先在 D 盘中建立一级文件夹"鸡兔同笼"，用来保存本项目文件。

1. 创建用户界面

在窗体上建立 1 个标签（Label）控件 Label1；1 个命令按钮（CommandButton）控件 Command1。界面布局如图 2-27 所示。

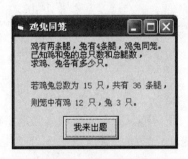　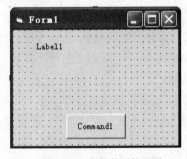

图 2-26　鸡兔同笼　　　　　图 2-27　添加控件后的界面

2. 设置各对象的属性

各控件的属性如表 2-11 所示。

表 2-11　　　　　　　　　　　各控件的属性

对　象	名　称	属　性	属 性 值
Form1	Form1	Caption	鸡兔同笼
		Forecolor	红色
Label1	Label1	Caption	鸡有两条腿，兔有 4 条腿，鸡兔同笼。已知鸡和兔的总只数和总腿数，求鸡、兔各有多少只。
Command1	Command1	Caption	我来出题

属性设置完成后的界面，如图 2-28 所示。

3．编写代码

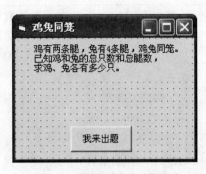

图 2-28　属性设置完成后的界面

为命令按钮 Command1 添加单击事件，并在事件中添加如下代码，实现当单击按钮 Command1 时，在输入对话框中分别输入鸡兔总数和鸡兔总腿数，根据输入的数据，求解出鸡和兔各自的数量，并以红色的字体将结果显示在窗体中。

```
Private Sub Command1_Click()
    Dim c As Integer, r As Integer, h As Integer, f As Integer
        h = Val(InputBox("请输入鸡兔总数(>=2)："))
        If h < 2 Then Exit Sub
            Do
            f = Val(InputBox("请输入鸡兔总腿数，" & vbCr _
                & "该数字必须是>" & 2 * h _
                & "，并且<" & 4 * h & "的偶数"))
            If f = 0 Then Exit Sub
            If f <= 2 * h Or f >= 4 * h Or f Mod 2 Then
                MsgBox "输入错误，请重新输入！", vbCritical
            Else
                Exit Do
            End If
        Loop
        r = (f - 2 * h) / 2
        c = h - r
        Cls
        Me.CurrentY = Me.Height / 3
        Print Tab(5); "若鸡兔总数为"; h; "只，共有"; f; "条腿"
        Print
        Print Tab(5); "则笼中有鸡"; c; "只，"; "兔"; r; "只。"
End Sub
```

Do-Loop 循环语句

格式 1：

```
Do[{While|Until} 〈条件〉]        '先判断条件，后执行循环体
    循环体
Loop
```

格式 2：

```
Do                              '先执行循环体，后判断条件
    循环体
Loop [{While|Until} 〈条件〉]
```

功能：选项"While"当条件为真时执行循环体；选项"Until"当条件为假时执行循环体。

说明：循环体中可以出现语句"Exit Do"，将控制转移到 Do-Loop 结构后一语句。

While-Wend 循环语句

格式：

　　While〈条件〉

　　　　循环体

　　Wend

功能：先判断条件，当条件为真（True）时执行循环体。

说明：常用于编制某些循环次数预先未知的程序。

多重循环语句

多重循环即循环结构的完全嵌套，内层循环的控制变量一般与外层循环的控制变量不同名。

4．运行程序

单击"我来出题"按钮后，首先弹出一个输入对话框（见图 2-29），输入鸡兔总数为"15"，单击"确定"按钮后，又弹出一个输入对话框（见图 2-30），输入鸡兔总腿数"36"，单击"确定"按钮，鸡和兔的数量就会在窗体中显示（见图 2-26）。

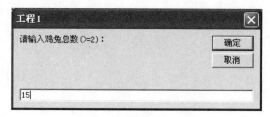

图 2-29　输入鸡兔总数

图 2-30　输入鸡兔总腿数

5．保存

保存本项目窗体文件为 program7.frm，工程文件为 program7.vbp，并生成 program7.exe，最后在 Windows 系统中运行 program7.exe。

6．拓展练习

如果将需要输入的鸡兔总数和鸡兔总腿数以文本框的形式输入，将输出鸡和兔各自的只数通过输出框输出的话，请思考应该如何修改窗体和代码，试一试，看你是否能够快速顺利地完成。

2.8　关机小程序

一、项目描述

这个小程序中不同的按钮可以完成对系统不同的操作：注销、重启和关机。

二、项目分析

这是一个关机小程序（见图 2-31）。单击"注销"按钮将会注销当前系统；单击"重启"

按钮将会重新启动系统；单击"关机"按钮，则会关闭计算机；单击"退出"按钮，则会退出这个关机小程序。

三、项目实现

准备工作

在本项目的示例开始之前，先在 D 盘中建立一级文件夹"关机小程序"，用来保存本项目文件。

1. 创建用户界面

在窗体上建立 4 个命令按钮（CommandButton）控件 Command1、Command2、Command3和 Command4。界面布局如图 2-32 所示。

图 2-31　关机小程序

图 2-32　添加控件后的界面

2. 设置对象属性

各控件的属性如表 2-12 所示。

表 2-12　　　　　　　　　　　　　　各控件的属性

对　　象	名　　称	属　　性	属　性　值
Form1	Form1	Caption	关机小程序
Command1	Command1	Caption	注销
Command2	Command2	Caption	重启
Command3	Command3	Caption	关机
Command4	Command4	Caption	退出

属性设置完成后的界面，如图 2-33 所示。

3. 编写代码

（1）为命令按钮 Command1 添加单击事件，并在事件中添加如下代码，实现当单击按钮Command1 时，注销当前系统。

```
Private Sub Command1_Click()
Shell "shutdown -l"
End Sub
```

图 2-33　属性设置完成后的界面

（2）为命令按钮 Command2 添加单击事件，并在事件中添加如下代码，实现当单击按钮 Command2 时，重新启动系统。

```
Private Sub Command2_Click()
```

```
    Shell "shutdown -R -t 0"
End Sub
```

（3）为命令按钮 Command3 添加单击事件，并在事件中添加如下代码，实现当单击按钮 Command3 时，关闭计算机。

```
Private Sub Command3_Click()
    Shell "shutdown -S -t 0"
End Sub
```

（4）为命令按钮 Command4 添加单击事件，并在事件中添加如下代码，实现当单击按钮 Command4 时，退出程序。

```
Private Sub Command4_Click()
    End
End Sub
```

Shell 函数

格式：Shell（字符串[，窗口类型]）

功能：可以调用各种应用程序，包括 DOS 或 Windows 中运行的应用程序。如果 Shell 函数成功地执行了所要执行的文件，则它会返回程序的任务 ID。任务 ID 是一个唯一的数值，用来指明正在运行的程序。如果 Shell 函数不能打开命名的程序，则会产生错误。

说明：字符串是要调用的外部文件的路径和文件名称，文件必须是可执行文件，其扩展名为.EXE、.COM、.PIF、.BAT。窗口类型为可选参数，表示在程序运行时窗口的样式，默认为以具有焦点的最小化窗口。

注意：默认情况下，Shell 函数是以异步方式来执行其他程序的。也就是说，用 Shell 启动的程序可能还没有完成执行过程，就已经执行到 Shell 函数之后的语句。

Shutdown.exe 程序

Windows XP 系统是通过一个名为 Shutdown.exe 的程序来完成关机操作的，关机的时候调用 shutdown.exe。

Shutdown.exe 的每个参数都具有特定的用途，执行每一个都会产生不同的效果，比如"-s"就表示关闭本地计算机，"-a"表示取消关机操作，下面列出了更多参数，用户可以在 Shutdown.exe 中按需使用。

取消关机：shutdown.exe -a

列出系统关闭的原因代码：shutdown.exe -d [u][p]:xx:yy

强行关闭应用程序：shutdown.exe -f

控制远程计算机：shutdown.exe -m \计算机名

显示图形用户界面，但必须是 Shutdown 的第一个参数：shutdown.exe -i

注销当前用户：shutdown.exe -l

关机并重启：shutdown.exe -r

设置关机倒计时（默认值是 30s）：shutdown.exe -t 时间

输入关机对话框中的消息内容（不能超过 127 个字符）：shutdown.exe -c"消息内容"

4．保存

本项目窗体文件为 program8.frm，工程文件为 program8.vbp，并生成 program8.exe，最后

在 Windows 系统中运行 program8.exe。

5．拓展练习

如果想制作一个小程序，通过单击某个按钮就可以调用相应的操作系统中的程序，如画图、计算器等各类程序，请思考应该如何修改窗体和代码，试一试，看你是否能够快速顺利地完成任务。

练 习 题

一、填空题

1．如果将布尔常量值 True 赋值给一个整型变量，则整型变量的值为_____。

2．在表示长整数时，可用作长整数的尾部符号是_____。

3．变量未赋值时，数值型变量的值为_____，字符串变量的值为_____。

4．若 A=20，B=80，C=70，D=30，则表达式 A+B>160 Or (B*C>200 And Not D>60)的值是_____。

5．Visual Basic 中，变量名只能由_____、_____、_____组成，总长度不得超过_____。

6．表达式 5 Mod 2*6^2/6\2 的值为_____。

7．设有以下定义语句：Dim max，min As Single，d1，d2 As Double，abc As String*5

则变量 max 的类型是_____，变量 min 的类型是_____，变量 d1 的类型是_____，变量 d2 的类型是_____，变量 abc 的类型是_____。

8．q 的值为 2 时，表达式-q^4 的值是_____；q 的值为-2 时，表达式-q^4 的值是_____。

9．关系式 $x \leqslant -5$ 或 $x \geqslant 5$ 所对应的表达式是_____；
关系式 $-5 \leqslant x \leqslant 5$ 所对应的表达式是_____。

10．在一个语句行内写多条语句时，语句之间应该用_____间隔。

11．表达式 Val(".123E2CD")的值是_____。

12．如果 A 为整数且 | A | >=100，则打印"OK"，否则打印"Error"，请写出这个条件的单行格式 If 语句_____。

13．下列程序可用 IIf 函数改写为_____。

    x=b
    if a>b then x=a

14．设 a=6，则执行 x=IIf(a>5,-1,0)后，x 的值为_____。

15．语句"Dim C As _____"定义的变量 C，可用于存放控件的 Caption 的值。

16．若 $x>y$，则交换变量 x、y 值的行 If 语句写作_____。

二、选择题

1．假设变量 x 是一个整型变量，则执行赋值语句 x="2"+3 之后，变量 x 的值是_____。执行赋值语句 x= "2"+ "3"之后，变量 x 的值是_____。

A．2　　　　　　　　B．3　　　　　　　　C．5　　　　　　　D．23

2．下列符号_____是 Visual Basic 中的合法变量名。

　　　A．x23　　　　　　　B．8xy　　　　　　　C．END　　　　　　D．X8[B]

3．下面_____不是字符串常量。

　　　A．"你好"　　　　　　B．""　　　　　　　C．"True"　　　　　D．#False#

4．在以下 4 个逻辑表达式中，其逻辑值为"真"的是_____。

　　　A．Not(3+4<4+6)　B．2>1 And 3<2　　C．1>2 Or 2>3　　D．Not(1>2)

5．语句 x=x+1 的正确含义是_____。

　　　A．变量 x 的值与 x+1 的值相等　　　　B．将变量 x 的值存到 x+1 中去

　　　C．将变量 x 的值加 1 后赋给变量 x　　　D．变量 x 的值为 1

6．\、/、Mod、*4 个算术运算符中，优先级最低的是_____。

　　　A．\　　　　　　　　B．/　　　　　　　　C．Mod　　　　　　D．*

7．表达式"12"+"34"的值是_____；表达式"12"&"34"的值是_____；表达式 12&34
的值是_____；表达式 12+34 的值是_____。

　　　A．"1234"　　　　　B．"12" "34"　　　　C．"46"　　　　　　D．46

8．下列程序段的执行结果为_____。

x=2

print x+1；x+1

　　　A．3　3　　　　　　B．x+1　x+1　　　　C．3　4　　　　　　D．2+1　2+1

9．下列程序段的执行结果为_____。

x=0

print x-1

x=3

　　　A．-1　　　　　　　B．3　　　　　　　　C．2　　　　　　　D．0

10．Int(100*Rnd(1))产生的随机整数的闭区间是_____。

　　　A．[0，99]　　　　B．[1，100]　　　　C．[0，100]　　　　D．[1，99]

11．以下 Case 语句中错误的是_____。

　　　A．Case 0 To 10　　　　　　　　　　　B．Case Is>10

　　　C．Case Is >10 And Is<50　　　　　　D．Case 3,5,Is>10

12．如果 x 是一个正的实数，将千分位四舍五入，保留两位小数的表达式是_____。

　　　A．0.01*Int(x+0.05)　　　　　　　　B．0.01*Int(100*(x+0.005))

　　　C．0.01*Int(100*(x+0.05))　　　　　D．0.01*Int(x+0.005)

13．表达式 Left("how are you", 3)的值是_____。

　　　A．how　　　　　　B．are　　　　　　　C．you　　　　　　D．how are you

14．表达式 Abs(-5)+Len("计算机 AB")的值是_____。

　　　A．5 计算机 AB　B．-5 计算机 AB　　C．10　　　　　　　D．0

15．设 A="12345678"，则表达式 Val(Left(A,4)+Mid(A,4,2))的值为_____。

　　　A．123456　　　　B．123445　　　　　C．8　　　　　　　D．6are you

16．Rnd 函数不可能产生_____值。

　　　A．0.2　　　　　　B．1　　　　　　　　C．0.1234　　　　　D．0.00005

17. 执行下列语句后显示结果为_____。

Dim x As Integer

If x Then Print x Else Print x−1

   A. 1   B. 0   C. −1   D. 不确定

18. 输入对话框 InputBox 的返回值的类型是_____。

   A. 字符串   B. 整数   C. 浮点数   D. 长整数

19. 由 "For i=1 To 16 Step 3" 决定的循环结构被执行_____次。

   A. 4   B. 5   C. 6   D. 7

三、程序题

1. 将变量 x1、x2 定义为单精度型，m、n 定义为整型，s1、s2 定义为字符串型，y 定义为布尔型，写出相应的定义语句。

2. 下面是窗体 Form1 的 Click 事件过程，实现运行时每次单击窗体时，窗体均向右移动 100 缇。

```
Private Sub _____()
    Static intleft As Integer
    intleft=intleft+100
    form1._____=intleft
End Sub
```

3. 下面的事件过程随机产生一个三位正整数，然后逆序输出，并将产生的数与逆序数显示在一行上。例如，产生 345，输出 345 543。

```
Private Sub Form_Click()
    Dim a As Integer, s As String, b As Integer
    Randomize
    a=_____
    b=_____
    c=_____
    print a; _____; b
End Sub
```

4. 设计一个程序，当输入圆的半径时，计算并输出圆的周长及面积。

要求：在窗体上建立 3 个标签控件、3 个文本框控件和 2 个命令按钮。标签用于显示半径、周长和面积的标题，文本框用于显示相应数值，命令按钮分别用于计算和退出。界面如图 2-34 所示。

图 2-34　计算圆的面积和周长

5. 下列程序用来在窗体上输出如图 2-35 所示的数据。

```
Private Sub Form_Click()
    Dim a(5, 5) As Byte, i As Byte, j As Byte
    For i = 1 To 5
        For j = 1 To 6 - i
            a(i, j) = _____
    Next j, i
    For i = 2 To 5
        For j = _____ To 5
            a(i,j) = j + i - 6
    Next j, i
    For i = 1 To 5
        For j = 1 To 5
            Print a(i,j);
        Next j
        _____
    Next i
End Sub
```

```
1  2  3  4  5
2  3  4  5  2
3  4  5  1  2
4  5  1  2  3
5  1  2  3  4
```

图 2-35　窗体上的输出数据

第 **3** 章 数组与算法——竞赛评分程序

程序设计中，我们往往声明一个简单变量来保存程序运行中的数据，而一个变量只能保存一个数据，当数据量很大时，所需要声明的变量也随着增加，编写程序变得复杂了。如果多个变量性质相同，在 Visual Basic 6.0 中可以使用数组以简化程序。下面我们来学习数组以及数组的应用。

3.1 评 委 亮 分

一、项目描述

近几年，中央电视台举办的青年歌手大奖赛很受人们关注，大屏幕显示的评委亮分也很吸引人。在校园歌手比赛中能否也采用这种评委亮分方式呢？本节学习编写一个简单的评委亮分程序。运行程序后，显示图 3-1 所示界面，单击"评分录入"按钮提示录入评委评分，单击"评委亮分"按钮，则在各评委的照片下显示评委评分。

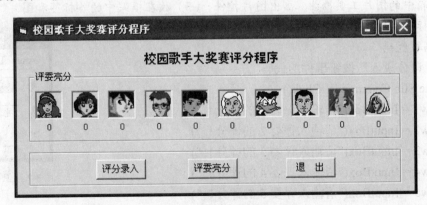

图 3-1 评委亮分程序界面

二、项目分析

本案例需考虑多个数据输入、保存和显示的问题。我们可以使用一个变量和 InputBox() 来保存输入的数据，用标签来显示评委亮分，当输入相同性质的数据较多时，我们可以利用数组结合 FOR-NEXT 循环结构来完成数据的重复输入。为了让多个控件能同时放在一个容器中体现整体性，可以使用 Frame 框架控件。另外，评委的照片用 Image 控件来显示。

三、项目实现

1．创建工程，制作程序界面

根据前面所学知识，创建一个工程文件，制作如图 3-1 所示的程序界面，各控件和属性如表 3-1 所示。

表 3-1 各控件和属性

对 象	对象名称	属 性	属 性 值	说 明
标签	Label1	Caption	0	显示 1 号评委的评分
标签	……	Caption	0	显示 2 号至 9 号评委的评分
标签	Label10	Caption	0	显示 10 号评委的评分
标签	Label11	Caption	校园歌手大奖赛评分程序	
框架	Frame1	Caption	评委亮分	存放图片控件和标签控件
框架	Frame2	Caption		存放按钮控件
图片	Picture1	Picture		显示评委照片
按钮	Command1	Caption	评分录入	
按钮	Command2	Caption	评委亮分	
按钮	Command3	Caption	退出	

✎ 教你一招：如何画框架和图片控件

（1）框架控件：利用控件工具箱中的框架工具 ，画出框架控件。（2）图片控件：利用控件工具箱中的图片工具 ，画出图片控件。（3）放在框架中的各标签和图片，应选中框架后再画标签和图片。

2．编写代码

（1）"评分录入"按钮事件的代码

图 3-2 控件箱

```
Private Sub Command1_Click()
    Pw1 = InputBox("请输入评委 1 的评分！")
    Pw2 = InputBox("请输入评委 2 的评分！")
    Pw3 = InputBox("请输入评委 3 的评分！")
    Pw4 = InputBox("请输入评委 4 的评分！")
    Pw5 = InputBox("请输入评委 5 的评分！")
    Pw6 = InputBox("请输入评委 6 的评分！")
    Pw7 = InputBox("请输入评委 7 的评分！")
    Pw8 = InputBox("请输入评委 8 的评分！")
    Pw9 = InputBox("请输入评委 9 的评分！")
    Pw10 = InputBox("请输入评委 10 的评分！")
End Sub
```

由代码可知，该程序连续使用了 10 个变量来存放评委的评分，也连续使用了 10 个 InputBox()输入对话框语句来录入评委的评分。随着评委人员的增加，变量和 Inputbox()语句也需增加，会造成编写程序的麻烦。若把 Pw1，Pw2，Pw3，Pw4，Pw5，Pw6，Pw7，Pw8，Pw9，Pw10 写成 Pw(1)，Pw(2)，Pw(3)，Pw(4)，Pw(5)，Pw(6)，Pw(7)，Pw(8)，Pw(9)，Pw(10)，结合我们学过的 FOR-NEXT 循环结构，就能把 Pw1，…，Pw10 和重复的 10 条 InputBox() 变成 1 条语句（见下列程序代码第 5 行）。这就是利用了"数组"方式来编写程序。

　　用数组方式修改以上程序如下：

```
Dim   Pw(10)   As   Single                        '一维数组声明！
Private Sub Command1_Click()
    Rem 通过 For 循环和数组 Pw(10)，用 1 个赋值语句及 InputBox()输入对话框完成评委评分的录入！
    For i = 1 To 10
        Pw(i) = InputBox("请输入评委的评分！ ")
    Next i
    MsgBox ("输入完成！ ")
End Sub
```

数　组

　　所谓数组就是具有同一名字、相同数据类型、不同索引值的一组"带索引值的变量群"。数组中的每一个元素称为数组元素，在数组中，我们通过数组下标索引值来访问数组元素。只有一个下标索引值的数组称之为一维数组。比如 Pw(10)是一维数组。其中 Pw(0)，Pw(1)，Pw(2)，Pw(3)，Pw(4)，Pw(5)，Pw(6)，Pw(7)，Pw(8)，Pw(9)，Pw(10)称为数组元素。如果数组下标索引值有两个，则称为二维数组，比如 A(5, 6)。

数　组　声　明

　　在 Visual Basic 程序中，使用数组必须先声明，数组的声明方式如下：

　　　　Dim　数组名（大小）[As 数据类型]

　　一旦声明，则在内存中开辟一段连续的存储空间用来存放数组元素的值，默认情况下数组元素的下标索引值从 0 开始。比如：Dim　Pw(10)　As　Single，表示声明一个名称为 Pw 的数组，共有 11 个连续的内存空间，存放 Single 类型数据，如下所示：

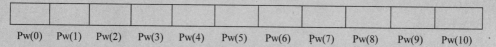

Pw(0)	Pw(1)	Pw(2)	Pw(3)	Pw(4)	Pw(5)	Pw(6)	Pw(7)	Pw(8)	Pw(9)	Pw(10)

声明注意事项

　　1．数组名：为一变量名称，命名规则与变量相同。

　　2．大小：下标索引值，指数组元素的个数，默认从 0 开始，表示在内存中开辟一个连续大小的空间。

　　3．As 数据类型：数组的数据类型，若省略此项，则为 Variant（变体）类型。

✎ 教你一招：如何在 VB 中声明数组

　　在代码窗口中，选择"通用"项，输入声明的语句如图 3-3 所示。

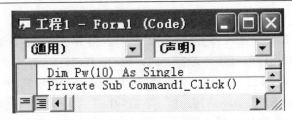

图 3-3　代码窗口

（2）"评委亮分"按钮事件的代码

```
Private Sub Command2_Click()
    Rem   把数组元素 Pw(1)至 Pw(10)的值分别赋给标签 Label1 至 Label10！
    Label1.Caption=Pw(1)
    Label2. Caption =Pw(2)
    Label3. Caption =Pw(3)
    Label4. Caption =Pw(4)
    Label5. Caption = Pw(5)
    Label6. Caption = Pw(6)
    Label7. Caption = Pw(7)
    Label8. Caption = Pw(8)
    Label9. Caption = Pw(9)
    Label10. Caption = Pw(10)
End Sub
```

数组元素的赋值和引用

只有声明了数组后，才可以对数组元素进行赋值和引用。可以对每个数组元素进行一一赋值和引用，也可以结合循环结构对所有数组元素进行赋值和引用。

例如：

```
Dim A(4) as integer
A(0)=1
A(1)=2
A(2)=3
A(3)=4
A(4)=5
```

数组的引用，例如：

```
Label1.Caption=A(1)
Label2. Caption =A(2)
Label3. Caption =A(3)
```

（3）"退出"按钮事件的代码

```
Private Sub Command3_Click()
    End
End Sub
```

3. 保存、运行并调试程序

保存本项目窗体文件为"评委亮分.frm",工程文件为"Ch3_1.vbp",并生成"评委亮分.exe",最后在 Windows 系统中运行"评委亮分.exe"。

3.2   亮分程序优化

一、项目描述与分析

上节我们学习了一维数组,用数组 Pw(10) 来存放 10 评委的评分,使程序变得简洁。但在评委亮分程序的代码中,又使用 10 个标签和语句来显示评委的评分。请大家思考:能否把 10 个标签也写成类似数组形式,使 10 个语句优化成一个语句呢?我们可以使用控件数组来优化下列程序代码。

"评委亮分"按钮事件代码如下:

```
Private Sub Command2_Click()
    Label1.Caption=Pw(1)
    Label2. Caption =Pw(2)
    Label3. Caption =Pw(3)
    Label4. Caption =Pw(4)
    Label5. Caption = Pw(5)
    Label6. Caption = Pw(6)
    Label7. Caption = Pw(7)
    Label8. Caption = Pw(8)
    Label9. Caption = Pw(9)
    Label10. Caption = Pw(10)
End Sub
```

二、项目实现

1. 创建工程,制作程序界面

打开工程文件 Ch3_1.vbp,另存为一个工程文件 Ch3_2.vbp,再打开评分程序窗体文件,删除 Lable1 至 Lable10 标签,创建控件数组,形成如表 3-2 所示的控件和属性。

表 3-2 控件和属性

对　象	对象名称	属　性	属性值	说　　明
标签	Label1(0)	Caption	0	显示 1 号评委的评分
标签	Label1(1)	Caption	0	显示 2 号评委的评分
标签	…	Caption	0	显示 3 号至 8 号评委的评分
标签	Label1(9)	Caption	0	显示 10 号评委的评分

其他控件内容保留不变!

（1）分别选中 Label1 至 Label10 标签，执行"剪切"命令（或按 Delete 键删除）。

（2）在"评委亮分"框架中创建一个 Lable1 标签。

选中框架后，选择标签工具，在框架中画一个 Lable1 标签。

（3）选中 Lable1 标签，执行"复制"命令（或按 Ctlr+C 组合键）。

（4）选中"评委亮分"框架，执行"粘贴"命令（或按 Ctlr+V 组合键），弹出如图 3-4 所示的对话框，单击"是（Y）"按钮，创建一个控件数组 Label1(1)。

图 3-4　创建控件数组对话框

（5）重复第（4）步，分别生成控件数组 Label1(2)至 Label1(9)。

通过第（2）～（5）步，完成标签控件数组的创建，标签名称从 Label1(0)至 Label1(9)，索引值由系统自动编号。各标签属性窗口的 Index 值分别变为 0～9。如图 3-5 所示。

图 3-5　标签控件数组属性框

✎ **教你一招：修改原控件的名称和 Index 属性值变成控件数组**

（1）选择 Label2,在属性窗口中把标签名称改为 Label1，弹出如图 3-4 所示对话框，单击"是[Y]"按钮，自动生成标签控件数组，Index 属性值自动改为 1。

（2）重复修改 Label3 至 Label10 的名称为 Label1，自动生成标签控件数组，Index 由系统自动编号。

控 件 数 组

控件数组是由具有相同名称和类型并具有相同事件过程的一组控件构成，每个控件数组的索引值从 0 开始由系统自动编号。

2．使用控件数组，优化"评委亮分"按钮事件的代码

```
Private Sub Command2_Click()
  For i=0 to 9
    Label1(i).Caption=Pw(i+1)
  Next i
End Sub
```

通过 For-Next 循环结构、控件数组和数组 Pw(10)，用一个语句便完成了"评委亮分"。

3. 保存、运行并调试程序

保存本项目窗体文件，并生成"评委亮分 2.exe"，最后在 Windows 系统中运行"评委亮分 2.exe"。

4. 知识拓展：按钮控件数组的创建和事件代码的编写

试编写一个简单四则运算程序，运行时弹出图 3-6 所示界面。要求把按钮创建为控件数组。提示：当创建按钮控件后，按钮事件的参数中出现了 Index 索引值。

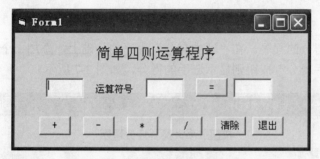

图 3-6 四则运算程序界面

附：累乘求积实例的按钮控件数组事件的代码

```
Private Sub Operator_Click(Index As Integer)
  Select Case Index
  Case 0     '单击+按钮，运行符号标签变为+，文本框 3 显示结果！
    Label1.Caption = operator(Index).Caption
    Text3.Text = Val(Text1.Text) + Val(Text2.Text)
  Case 1     '单击-按钮，运行符号标签变为-，文本框 3 显示结果！
    Label1.Caption = operator(Index).Caption
    Text3.Text = Val(Text1.Text) - Val(Text2.Text)
  Case 2     '单击*按钮，运行符号标签变为*，文本框 3 显示结果！
    Label1.Caption = operator(Index).Caption
    Text3.Text = Val(Text1.Text) * Val(Text2.Text)
  Case 3     '单击/按钮，如果分母不为零，则运行符号标签变为/，文本框 3 显示结果！
    Label1.Caption = operator(Index).Caption
    If Val(Text2.Text) = 0 Then
      MsgBox ("被除数不能为零!")
    Else
      Text3.Text = Val(Text1.Text) / Val(Text2.Text)
    End If
```

```
    Case 4    '单击清除按钮，文本框清空！
        Text1.Text = ""
        Text2.Text = ""
        Text3.Text = ""
    Case 5    '单击退出按钮，退出程序！
        End
    End Select
End Sub
```

3.3 选 手 得 分

一、项目描述

本节学习选手得分的程序。在"评委亮分"程序的基础上，添加一个"选手得分"标签和按钮，单击"选手得分"按钮则显示选手的得分，如图 3-7 所示。

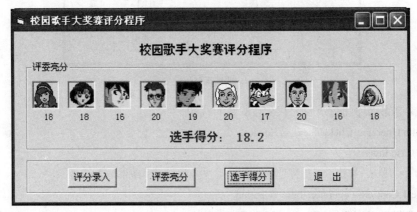

图 3-7 选手得分程序界面

二、项目分析

选手得分即各评委总分的平均数，应先求出各评委的总分。要求出各评委的总分，可以利用 FOR-NEXT 循环结构把各评委评分重复相加，这就是程序设计中累加求和的问题。

三、项目实现

1. 创建工程，制作程序界面

打开工程文件为 Ch3_2.vbp，另存为一个工程文件 Ch3_3.vbp，再打开评分程序窗体文件，在评委亮分程序界面的基础上，添加选手得分标签和按钮，形成如图 3-7 所示的程序界面，添加的控件和属性如表 3-3 所示。

表 3-3   控件和属性

对象	对象名称	属性	属性值	说明
标签	Label11	Caption	选手得分:	
		Visual	False	程序运行时该标签不可见
标签	Label12	Caption	0	显示选手得分
		Visual	False	程序运行时该标签不可见
按钮	Command4	Caption	选手得分	

2. 编写代码

"选手得分"按钮事件的代码如下：

```
Private Sub Command4_Click()
    Label11.Visible = True    '使标签为可视！
    Label12.Visible = True
    Sum = 0    '累加器 Sum 初始化值为 0！
    For i = 1   To   10   step 1
      Sum = Sum + Pw(i)
    Next i
    average = Sum / 10
    Label12.Caption = average
End Sub
```

用 For-Next 循环把 10 位评委的评分 Pw(1)，Pw (2)，…，Pw (10)分别相加到 Sum。

我们可以把以上 10 位评委的评分相加写成下列数学式子：Sum= Pw (1)+ Pw (2)+ Pw (3)+ Pw (4)+Pw (5)+Pw (6)+ Pw (7)+ Pw (8)+ Pw (9)+ Pw (10)。类似这种多个数相加，在 Visual Basic 中称为**累加求和**。

> **算　法**
>
> 　　算法是指完成一个任务准确而完整的描述。在本章主要分析一些常见的基本算法，比如累加求和，累乘求积，求最值问题，排序问题等。
>
> **累 加 求 和**
>
> 　　在 Visual Basic 中，把多个数相加求和称之为**累加求和**。累加求和一般使用循环结构来编写程序，累加时初值置 0。
>
> **累 乘 求 积**
>
> 　　在 Visual Basic 中，把多个数连乘求值称为**累乘求积**。累乘求积一般也使用循环结构来编写程序，累乘时初值置 1。

例如：求 S=2+4+6+8+10+12+14+16+18+20 的值。

程序代码如下：

```
Private Sub Form_Load()
    S = 0            '累加器 Sum 初始化值为 0！
    Rem 用 FOR 循环重复相加 2 至 20 之间的偶数和！
    For   I = 2   To   20   step   2
```

```
    S = S + I
  Next I
    Print   "S=";S
End Sub
```

3．保存、运行并调试程序

保存本项目窗体文件，并生成"选手得分.exe"文件，最后在 Windows 系统中运行"选手得分.exe"。

 知识拓展：累乘求积的问题

试求 $P = 1 \times 3 \times 5 \times 7 \times 9 \times 11 \times 13 \times 15$ 的值。

累乘求积的实例代码如下：

```
Private Sub Form_Load()
  P =1                             '累乘器 P 初始化值为 1!
  For  I = 1  To  15   step  2
     P =P* I
  Next I
    Print   "P=";P
End Sub
```

3.4　最高分和最低分

一、项目描述

在实际比赛中，为了公平起见，在评分中往往去掉一个最高分和一个最低分，剩余评委的平均分即为选手最后得分。本节将学习如何寻找最高分和最低分，从而在前面程序的基础上得出选手最后的得分。在"选手得分"程序基础上，修改"选手得分"的标签和按钮，程序界面如图 3-8 所示。

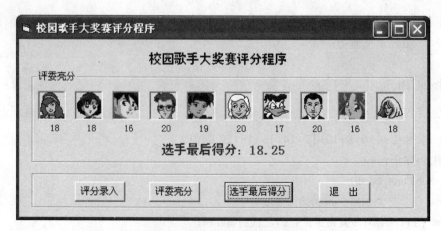

图 3-8　选手最后得分程序界面

二、项目分析

本案例主要考虑在一批数据中如何寻找最大值或最小值，这是程序设计中求最值的问题，涉及 IF 条件和循环结构。

三、项目实现

1. 创建工程，制作程序界面

打开工程文件为 Ch3_3.vbp，另存为一个工程文件 Ch3_4.vbp，再打开评分程序窗体文件，在"选手得分"程序的基础上，修改"选手得分"标签和按钮的 Caption，形成如图 3-8 所示的程序界面，添加控件和属性如表 3-4 所示。

表 3-4 控件和属性

对　象	对象名称	属　性	属 性 值	说　　明
标签	Label11	Caption	选手最后得分：	
		Visual	False	程序运行时该标签不可见
标签	Label12	Caption	0	显示选手得分
		Visual	False	程序运行时该标签不可见
按钮	Command4	Caption	选手最后得分	

2. 编写代码

寻找最高分和最低分的程序代码如下：

```
Private Sub Command4_Click()
    Max=Pw(1)                              '设数组元素 Pw(1)为最大值！
    Min=Pw(1)                              '设数组元素 Pw(1)为最小值！
    For I=2  to  10
        If Max<Pw(I) Then   Max=Pw(I)      '比较判断，最大值赋给 MAX！
        If Min>Pw(I) Then   Min=Pw(I)      '比较判断，最小值赋给 MIN！
    Next I
    End Sub
```

上述语句用"比较法"来查找最大值和最小值。具体思路为：先把第 1 个数组元素赋值给最小值 MIN，同时也赋值给最大值 MAX，然后利用循环结构让最小值 MIN 与第 2 个数组元素比较，如果第 2 个数组元素比 MIN 还小，则把第 2 个数组元素重新赋值给最小值 MIN，否则最小值 MIN 保持不变；最后的 MIN 值就是最小值。最大值的原理相同。

把以上代码添加到"选手最后得分"按钮事件的代码中，形成"选手最后得分"按钮事件的新代码：

```
Private Sub Command4_Click()
    Label11.Visible = True
    Label12.Visible = True
    Max=Pw(1)
    Min=Pw(1)
```

```
For I=2   to   10
    If Max<Pw(I) Then    Max=Pw(I)
    If Min>Pw(I) Then    Min=Pw(I)
Next I
Sum = 0
For i = 1   To   10    step 1
    Sum = Sum + Pw (i)
Next i
average = (Sum-Max-Min) / 8
Label12.Caption = average
End Sub
```

3．保存、运行并调试程序

保存本项目窗体文件，并生成"最高分和最低分.exe"，最后在 Windows 系统中运行"最高分和最低分.exe"。

3.5　选手排行榜

一、项目描述

本节学习编写一个简单的校园十大歌手得分排名程序。经过各位歌手的精彩表演和评委的认真评分，校园十大歌手最后得分分别为：17.5，18.4，16.5，17.6，18.8，19，17.8，19.5，19.7，18.4。试编写程序，按得分从高到低排列歌手得分，看看谁是校园十大歌手的第一名。运行程序后，显示如图 3-9 所示界面。单击"评分录入"按钮提示录入歌手最后得分，单击"选手排行榜"按钮，则从高到低排列歌手得分。

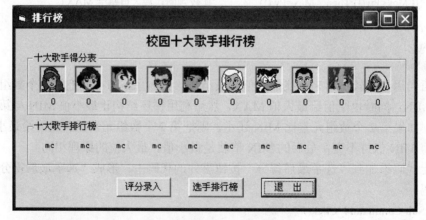

图 3-9　选手排行榜程序界面

二、项目分析

本案例主要考虑如何对校园十大歌手最后得分数据按从大到小（或从小到大）的顺序进

行排列,这就是程序设计中的排序问题。排序思想方法很多,下面以选择排序为主进行分析。

三、项目实现

1. 创建窗体,制作程序界面

创建一个工程文件 Ch3-5.vbp,创建一个窗体,制作图 3-9 所示程序的界面并保存为排行榜.frm。添加控件和属性如表 3-5 所示。

表 3-5 控件和属性

对　象	对象名称	属　性	属　性　值	说　明
标签	Score(1)	Caption	0	显示 1 号选手的得分
标签	…	Caption	0	显示 2～9 号选手的得分
标签	Score(10)	Caption	0	显示 10 号选手的得分
框架	Frmae1	Caption	十大歌手得分表	存放得分标签控件和图片控件
框架	Frmae2	Caption	十大歌手排行榜	存放排序后的得分标签控件
图片	Picture(1)	Picture	图片路径由用户决定	显示 1 号选手照片
图片	…	Picture	图片路径由用户决定	显示 2～9 号选手照片
图片	Picture(10)	Picture	图片路径由用户决定	显示 10 号选手照片
标签	Mc(1)	Caption	mc	显示第一名得分
标签	…	Caption	mc	显示第二名至第九名的得分
标签	Mc(10)	Caption	mc	显示第十名得分
按钮	Command1	Caption	评分录入	
按钮	Command2	Caption	选手排行榜	
按钮	Command3	Caption	退出	

备注:以上标签和图片控件均使用控件数组,在创建时需注意。

2. 编写代码

(1)"评分录入"按钮事件的代码

```
Dim  a(10)  As Single      '一维数组声明!
Private Sub Command1_Click()
    For i = 1 To 10                          '用一维数组 a(10)来存放选手得分!
        a(i) = InputBox("请输入选手得分! ")
    Next i
    MsgBox ("输入完毕!")
    For i = 1 To 10                          '用 Score 标签控件数组来显示排序名前各选手分数!
        Score(i).Caption = a(i)
    Next i
End Sub
```

以上代码通过用一维数组 a(10)来存放选手得分,然后用 Score 标签控件数组来显示排序名以前各选手得分,使用 Score 标签控件数组使代码段变得更简洁。

(2)"选手排行榜"按钮事件的代码

```
Private Sub Command2_Click()
    Rem    用选择排序法对十个数从高到低排序!
    For i = 1 To 9
      For j = i + 1 To 10
        If a(i) < a(j) Then
            T= a(i): a(i) = a(j): a(j) = T          '用变量 T 进行数组元素 a(i) 和 a(j))的数据交换!
        End If
      Next j
    Next i
    For i = 1 To 10                                 '用 Mc 标签控件数组来显示排序名后各选手分数!
      Mc(i).Caption = a(i)
    Next i
End Sub
```

上述语句使用**选择排序法**来排序（或称比较换位法）。所谓**排序**就是将任意排列的一组数据按一定的方式重新排列，成为从大到小（或从小到大）的有序数据。由以上代码可知选择排序思路：第一轮，第 1 个数组元素与其他 9 个数组元素进行比较，从中找出最大数放在第 1 个位置；第二轮，第 2 个数组元素与其他 8 个数组元素进行比较，从中找出最大数放在第 2 个位置；……依次类推，直到第九轮，第 9 个数组元素与第 10 个数组元素进行比较，从中找出最大数放在第 9 个位置，剩余的第 10 个数组元素为最小数。

例如：数组 a(5)中各元素的值是：a(1)=2，a(2)=6，a(3)=3，a(4)=5，a(5)=9。按选择排序法从大到小排序过程如表 3-6 所示。

表 3-6　　　　　　　　　　　　选择排序过程（从大到小排序）

轮 次	i	j	a(1)	a(2)	a(3)	a(4)	a(5)	说 明
排序前			2	6	3	5	9	
第一轮	1	2	<u>6</u>	<u>2</u>	3	5	9	a(1)<a(2),交换
	1	3	6	2	3	5	9	a(1)>a(3),不换
	1	4	6	2	3	5	9	a(1)>a(4),不换
	1	5	9	2	3	5	6	a(1)<a(5),交换
第二轮	2	3	9	3	2	5	6	a(2)<a(3),交换
	2	4	9	5	2	3	6	a(2)<a(4),交换
	2	5	9	6	2	3	5	a(2)<a(5),交换
第三轮	3	4	9	6	3	2	5	a(3)<a(4),交换
	3	5	9	6	5	2	3	a(3)<a(5),交换
第四轮	4	5	9	6	5	3	2	a(4)<a(5),交换
排序后			9	6	5	3	2	

选择排序使用 FOR-NEXT 二重循环结构来编写。假设有 N 个数，则外循环代表轮次，FOR I=1 TO N-1；内循环代表每轮比较的次数，FOR J=I+1 TO N。代码如下：

```
FOR I=1 TO N-1
```

```
FOR J=I+1 TO N
    IF A(I)<A(J) THEN        '从大到小排序!
        T=A(I):A(I)=A(J):A(J)=T
    END IF
NEXT J,I
```

3．保存、运行并调试程序

保存本项目窗体文件，并生成"排行榜.exe"，最后在 Windows 系统中运行"排行榜.exe"。

知识拓展：冒泡排序法

试用冒泡排序法来编写以上程序。冒泡排序法也称两两比较排序法，它是排序思想是：每一轮由相邻两两数相比较，找出最大（或最小）数放在最后，通过 N-1 轮的两两比较，最后形成有序的数。关键代码如下：

```
FOR I=1 TO N-1
    FOR J=1 TO N-I
        IF A(J)<A(J+1) THEN        '从大到小排序!
            T=A(J):A(J)=A(J+1):A(J+1)=T
        END IF
    NEXT J,I
```

练 习 题

一、填空题

1．语句 Dim PW(15) As Integer 所声明的是_____维数组，第一个数组元素是_____，最后一个数组元素是_____，每个数组元素的类型是_____。

2．Dim A(100) As Single，则数组 A 有_____个数组元素，第一个元素的下标索引值是_____。

3．一个数值型的数组没有被赋值，其数组元素的初值为_____，一个字符型的数组没有被赋值，其数组元素的值为_____。

4．把具有相同名称和类型并具有相同事件过程的一组控件称为_____。

5．一般情况下，累加求和中累加器的初始值置_____，累乘求积中累乘器的初始值置_____。

6．下列程序段执行后，FOR 循环体共执行了_____次。

```
Dim A(20) As Integer
For I=20 to 2 step -2
    A(I)=A(I)+2
Next I
```

二、选择题

1. 下列属于 VB 合法的数组元素是_____。
   A. a8　　　　　　B. a[8]　　　　　　C. a(0)　　　　　　D. a{6}

2. 使用语句 Dim Q(10) As Integer 声明数组 A 后，以下说法正确的是_____。
   A. Q 数组中的所有元素值均为 0　　　　B. Q 数组中的所有元素值不确定
   C. Q 数组中的所有元素值均为空　　　　D. Q 数组中的所有元素值均为 10

3. 用语句 Dim B(-3 To 5) As Integer 声明的数组，其元素个数是_____。
   A. 6　　　　　　B. 7　　　　　　C. 8　　　　　　D. 9

4. 通过复制、粘贴的方法建立了一个命令按钮的数组 Command1，以下对该控件数组的说法错误的是_____。
   A. 命令按钮的所有 Caption 属性都是 Command1
   B. 在代码中访问命令按钮只需使用名称 Command1
   C. 命令按钮的大小都相同
   D. 命令按钮共享相同的事件过程

5. 下列程序段的执行结果为_____。

```
Dim A(10) As Integer
For i=1 to 10
    A(i)=11-i
Next i
X=6
Print A(2+A(x))
```

   A. 2　　　　　　B. 3　　　　　　C. 4　　　　　　D. 5

6. 已知数组 A(10)的各元素有不相同的数值，运行下列程序段能实现的功能是_____。

```
Dim min As Integer, imin As Integer, sum As Integer
min=A(1): imin=1: sum=A(1)
For I=2 to 10
    sum=sum+A(i)
    If A(i)<min Then
        min=A(i)
        imin=i
    End if
Next I
```

   A. 求数组 A 中各数的总和，并找出最大值和最大值的位置
   B. 求数组 A 中各数的总和，并找出最小值和最小值的位置
   C. 求数组 A 中大于 A(1)的各数的总和，并找出最大值和最大值的位置
   D. 求数组 A 中小于 A(1)的各数的总和，并找出最小值和最小值的位置

三、程序题

1. 求 S=1+3+5+7+…+99 的值。

2．求 N! 的值，其中 N 由键盘输入。

3．从键盘上输入这些数：10，11，6，15，33，21，7，然后按相反的顺序：7，21，33，15，6，11，10 在窗体上显示。

4．设计一个窗体，从键盘上输入 10 个数，显示其中最大的数，界面如图 3-10 所示。

图 3-10　练习一

5．设计如图 3-11 所示的窗体。单击"输入"按钮时，输入一个 10 个数并显示在输入数据的标签上；单击"排序"按钮时，则按从小到大排列数据并显示在排序数据的标签上；单击"清空"按钮时，将两行标签中的数据清空；单击"退出"按钮，结束程序的运行。

图 3-11　练习二

6．随机产生 20 个 0～100 的整数，并将其按从大到小顺序显示在窗体上。

第 **4** 章　多媒体编程——播放器设计

在应用程序中，多媒体功能是非常重要的。音乐、动画和图像的加入大大增加了应用程序的趣味性和直观性，也使程序更加贴近生活。随着多媒体技术的流行，多媒体的开发也越来越受到人们的重视。本章主要介绍动画、音频和视频处理的编程技术，使用 Visual Basic 语言开发各种媒体播放器。

4.1　图像浏览器

一、项目描述

本节利用系统提供的 Image 控件编写图像浏览器程序。程序运行时，通过选择驱动器和文件夹，再单击图像文件，即可在图像框中显示图像。单击"退出"按钮，则关闭"图像浏览器"窗口。其运行界面如图 4-1 所示。

图 4-1　图片浏览器

二、项目分析

当用户在选择文件时，需要选择"盘符"和"文件夹"来确定需要浏览的图像文件的路径，因此本项目需要使用驱动器控件、目录列表框控件和文件列表框控件，并通过 Change 事件使它们关联。用户要将图像文件显示出来，需要调用 Image 控件。在浏览时，图像都调整成适合 Image 控件框大小，这时需要设置 Stretch 属性。

三、项目实现

1. 创建用户界面

新建一个标准工程文件，创建一个新窗体，默认名为 Form1。在窗体中放置 2 个标签控件，1 个 DriveListBox 控件、1 个 DirListBox 控件、1 个 FileListBox 控件、1 个 Image 控件和 1 个 Command 控件。界面布局如图 4-2 所示，各控件和属性设置如表 4-1 所示。

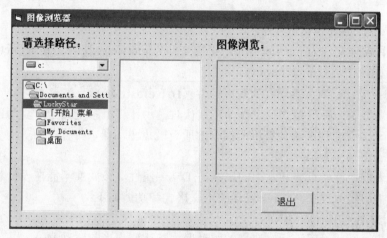

图 4-2　图片浏览器界面布局

表 **4-1**　　　　　　　　　　　　　　　　控件和属性

对　　象	对象名称	属　　性	属　　性　　值	说　　明
窗体	Form1	Caption	图像浏览器	设置窗体 Form1 的标题
标签	Label1	Caption	请选择路径：	设置标签框 Label1 的标题
		Font	宋体，四号，加粗	设置标签框中文字的字体、字号等
	Label2	Caption	图像浏览：	设置标签框 Label2 的标题
		Font	宋体，四号，加粗	设置标签框中文字的字体、字号等
按钮	Command1	Caption	退出	设置按钮 Command1 的标题
图像框	Image1	BorderStyle	1-Fixed Single	将图像框设置为带边框
		Stretch	True	设置图像大小适应图像框

2. 编写代码

（1）打开 Form1 的代码编辑器窗口，选择 Drive1 对象的 Change 事件，添加如下代码：

```
Private Sub Drive1_Change()
    Dir1.Path = Drive1.Drive          '改变驱动器路径
End Sub
```

（2）选择 Dir1 对象的 Change 事件，添加如下代码：

```
Private Sub Dir1_Change()
    File1.Path = Dir1.Path            '改变目录路径
End Sub
```

（3）选择 File1 对象的 Click 事件，添加如下代码：

```
Private Sub File1_Click()
    Image1.Picture = LoadPicture(Dir1.Path & "\" & File1.FileName) '在图像框中加载图像
End Sub
```

（4）选择 Command1 对象的 Click 事件，添加如下代码：

```
Private Sub Command1_Click()
    End
End Sub
```

3．保存工程，运行并调试程序

保存本项目窗体文件为 pictview.frm，工程文件为 pictview.vbp，并生成 pictview.exe，最后在 Windows 系统中运行 pictview.exe。

驱动器列表框控件（DriveListBox）

驱动器列表框是一种下拉式列表框，在默认时显示计算机系统的当前驱动器。单击其右边的箭头按钮 ▼ ，就会列出该计算机所拥有的所有磁盘驱动器，供用户选择，如图 4-3 所示。

（1）常用属性——Drive 属性

驱动器列表框控件最重要和常用的属性是 Drive 属性，该属性不能在设计状态时设置，只能在程序中被引用或设置。Drive 属性的语法格式和功能如下：

格式： [对象名称.]Drive=drive

功能： 用户返回或设置运行时选择的驱动器，默认值为当前驱动器。

说明： "对象名称"参数是驱动器列表框名称，drive 参数是驱动器名称（如："A:"或"a:"，"C:"或"c:"）。注意：每次重新设置 Drive 属性都会引发 Change 事件。

（2）常用事件——Change 事件

在程序运行时，当选择一个新的驱动器或通过代码改变 Drive 属性的设置时都会触发驱动器列表框的 Change 事件发生。

目录列表框控件（DirListBox）

目录列表框显示当前驱动器的目录结构及当前目录下的所有子目录，供用户选择其中的某个目录作为当前目录。在目录列表框中，如果用鼠标双击某个目录，就会显示出该目录下的所有子目录，如图 4-4 所示。

图 4-3 驱动器列表框

图 4-4 目录列表框

（1）常用属性——Path 属性

目录列表框只能显示出当前驱动器下的子目录。如果要显示其他驱动器下的目录结构，则必须重新设置目录列表框上的 Path 属性，该属性不能在设计状态时设置，只能在程序中被引用或设置。Path 属性的语法格式和功能如下：

格式： [对象名称.]Path=Pathname

功能： 用来返回或设置当前路径。它适用于目录列表框和文件列表框。

说明： "对象名称"参数是指目录列表框或文件列表框，Pathname 参数是一个路径名字符串。注意：每次重新设置 Path 属性都会引发 Change 事件。

如本节的实例，在窗体上建立了驱动器列表框和目录列表框，为了实现两者同步，就在驱动器列表框的 Change 事件过程中写入代码如下：

```
Dir1.Path = Drive1.Drive
```

（2）常用事件——Change 事件

与驱动器列表框一样，在程序运行时，每当改变当前目录，即目录列表框的 Path 属性发生变化时，都要触发其 Change 事件。

文件列表框控件（FileListBox）

文件列表框以简单列表的形式显示当前驱动器中当前目录下的文件目录清单。

（1）常用属性

① Path 属性

文件列表框也有 Path 属性，用于返回和设置文件列表框当前目录，设计时不可用。使用格式与目录列表框的 Path 属性相似。当 Path 值改变时，会引发一个 PathChange 事件，比如在本节案例中的目录列表框中的 Change 事件过程中写入代码如下：

```
File1.Path= Dir1.Path
```

以上语句的作用是在目录列表框中改变目录时，文件列表框中的内容会随之同步改变。

② Filename 属性

该属性在设计状态不能使用，只能在程序中使用。

格式： [对象名称.]Filename=pathname

功能： 用来返回或设置被选定文件的文件名和路径。

说明： "对象名称"参数是指文件列表框的名称。pathname 是一个指定文件名及其路径的字符串。引用 Filename 时，仅仅返回被选定文件的文件名，此时其值相当于 List。需要用 Path 属性才能得到其路径，但设置时文件名之前可以带路径。例如：要从文件列表框（File1）中获得全路径的文件名 Fname$，用下面的程序代码：

```
Fname$=Dir1.Path & "\" & File1.FileName
```

（2）常用事件

① Click、DblClick 事件

Click 事件表示单击文件列表框中的文件时，触发该事件。在本节的项目中，通过单击图像文件，将图像文件加载并在图像框中显示，实现语句如下：

```
Image1.Picture = LoadPicture(Dir1.Path & "\" & File1.FileName)
```

DblClick 事件表示双击文件列表框中的文件时，触发该事件。

② PathChange 事件

当路径被代码中 FileName 或 Path 属性的设置所改变时，此事件发生。

图像框控件（Image）

图像框控件与图片框控件类似，它只用于显示图形或图像，而不能作为其他控件的容器，也不支持绘图方法和 Print 方法。因此，图像框比图片框占用更少内存。

（3）常用属性

① Picture 属性

格式： 对象名称.Picture=picture

功能： 返回或设置控件中要显示的图像。这些图像可以是位图（.bmp）、图标（.ico）或图元文件（.wmf）等。

说明： "对象名称"参数是指添加到窗体中的图像控件的名称，其默认值为 Image1。picture 表示即将显示在图像控件对象中的图像的文件和它的路径名。

在窗体设计时，通过从"属性"窗口中选定并设置该属性，将图像加载到 Image 控件中。在编写代码时，通过属性赋值的方法，使用 LoadPicture 函数来加载图像，如

   Image.Picture =LoadPicture(App.Path&"\fengjing.jpg")

   Image.Picture =LoadPicture("d:\photo\fengjing.jpg")

这两个语句分别是使用相对路径和绝对路径参数加载图像。如果要清除图像框中的图像，可以使用如下语句：

   Image1.Picture=LoadPicture 或 Mypicture.Picture=LoadPicture("")

② Stretch 属性

格式： 对象名称.Stretch=boolean

功能： 返回或设置一个值，该值用来指定一个图形是否要调整大小，以适应控件的大小。boolean 是一个布尔值，当它取 False（默认）时，表示图像框将根据加载的图像的大小调整尺寸；当它取值为 True 时，则将根据图像控件对象的大小来调整被加载的图像大小，这样可能会导致被加载的图像变形。

说明： 图像控件 Stretch 属性与图片框控件的 AutoSize 属性不同。前者既可以通过调整图像控件的尺寸来适应加载的图形大小，又可以通过调整图像的尺寸来适应图像控件的大小，而后者只能通过调整图片框的尺寸来适应加载图像的大小。

图像控件可以响应 Click 事件，利用这一点，可以用图像控件代替命令按钮或者作为工具条中的按钮。

4.2 MP3 播放器

一、项目描述

利用系统提供的 WindowsMediaPlayer 控件编写 MP3 播放程序。程序运行时，通过对路径的选择，在文件列表框中只显示出 MP3 文件，单击其中的 MP3 文件，即可播放。运行界面如图 4-5 所示。

图 4-5 MP3 播放器运行界面

二、项目分析

本项目再次用到了驱动器控件、目录列表框控件和文件列表框控件，同样需要 Change 事件来关联它们。在该项目中还使用了 WindowsMediaPlayer 控件，用于控制 MP3 音乐文件的播放。

三、项目实现

1．创建用户界面

新建一个标准工程文件，创建一个新窗体，默认名为 Form1。在窗体中放置 1 个 DriveListBox 控件、1 个 DirListBox 控件、1 个 FileListBox 控件。界面布局如图 4-6 所示，窗体对象的属性设置如表 4-2 所示。

表 4-2 窗体对象的属性设置

对　　象	对象名称	属　性	属　性　值	说　　明
窗体	Form1	Caption	我的 MP3 播放器	设置窗体 Form1 的标题

选择"工程→部件"菜单命令，弹出如图 4-7 所示的"部件"对话框。在"控件"选项卡的下拉列表中选中"Windows Media Player"复选框。

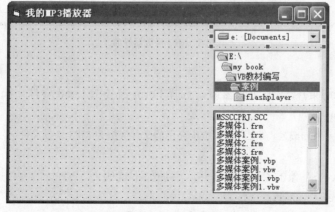

图 4-6 MP3 播放器界面布局

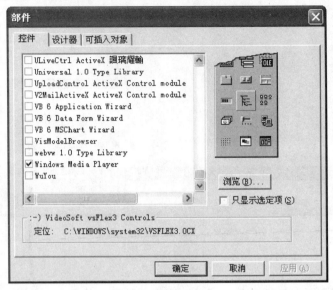

图 4-7 "部件"对话框

单击"确定"按钮后，工具箱上出现 WindowsMediaPlayer 控件图标。

单击 WindowsMediaPlayer 控件图标，在窗体上利用鼠标拖曳的方法画出 Windows MediaPlayer 对象，调整位置后界面如图 4-8 所示。

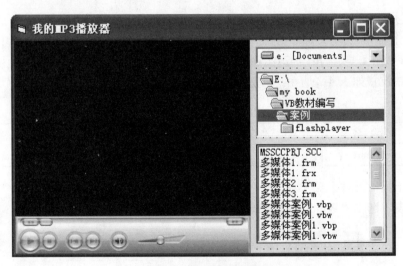

图 4-8 MP3 播放器界面

2．编写代码

（1）打开 Form1 的代码编辑器窗口，选择 Form 窗体的 Load 事件，添加如下代码：

```
Private Sub Form_Load()
    File1.Pattern = "*.mp3"    '在文件列表框中显示的文件类型为 MP3 音频文件
End Sub
```

（2）选择 Drive1 对象的 Change 事件，添加如下代码：

```
Private Sub Drive1_Change()
    Dir1.Path = Drive1.Drive    '改变驱动器路径
```

End Sub

（3）选择 Dir1 对象的 Change 事件，添加如下代码：

Private Sub Dir1_Change()

　　File1.Path = Dir1.Path　　　　　　　　　　　　　　　'改变目录路径

End Sub

（4）选择 File1 对象的 Click 事件，添加如下代码：

Private Sub File1_Click()

　　WMP1.URL = Dir1.Path & "\" & File1.FileName　　　　'加载 MP3 播放文件

End Sub

3．保存工程，运行并调试程序

保存本项目窗体文件为 Mp3Player.frm，工程文件为 Mp3Player.vbp，并生成 Mp3Player.exe，最后在 Windows 系统中运行 Mp3Player.exe。

文件列表框控件（FileListBox）

常用属性——Pattern 属性

Pattern 属性用于设置文件列表中所显示文件的类型，其默认值是"*.*"，即文件类型是所有文件。若要利用该属性的多个文件类型，可用"；"来分隔。例如，若设置扩展名为*.bmp、*.jpg 和*.wmf 的文件类型，可以设置如下：

　　File1.Pattern="*.jpg;*.bmp;*.wmf"

WindowsMediaPlayer 控件

常用属性——URL

格式：[对象名称.]URL=filename

功能：用来返回或设置被加载播放的文件名及其路径。

说明："对象名称"参数是指添加到窗体中的 WindowsMediaPlayer 对象的名称，URL 表示即将显示在 WindowsMediaPlayer 对象中的文件和它的路径名，filename 是一个指定文件名及其路径的字符串。

在窗体设计时，通过从"属性"窗口中选定并设置该属性，将图像加载到 WindowsMediaPlayer 控件中。在编写代码时，通过属性赋值来加载要播放的文件，例如：

　　WMP1.URL = Dir1.Path & "\" & File1.FileName

4.3　Flash 播放器

一、项目描述

利用系统提供的 Shockwaveflash 控件编写 Flash 动画播放程序。程序运行时，单击"打开"按钮，选择要播放的 Flash 动画路径及文件，加载 Flash 动画。接着单击"播放"按钮，即可播放动画，此时该按钮则变成"暂停"按钮。单击"停止"按钮，则停止播放 Flash 动画；单击"前一帧"按钮，则跳到前一帧播放，单击"后一帧"按钮，则跳到后一帧播放。在播放时，也可以通过滚动条来控制 Flash 动画的播放。运行界面如图 4-9 所示。

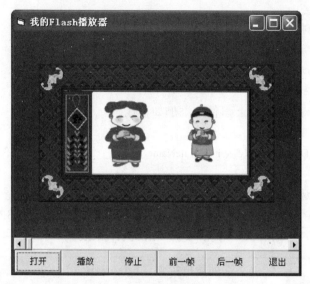

图 4-9　Flash 播放器运行界面

二、项目分析

当用户单击"打开"按钮时，则调用 CommonDialog 控件，使得用户可以通过选择路径载入要播放的 Flash 动画文件。本项目用到的另外一个重要控件就是 ShockwaveFlash 控件，利用 ShockwaveFlash 控件的 Play、Stop、StopPlay、Forward、Back 等方法来控制 Flash 动画的播放。

三、项目实现

1. 创建用户界面

新建一个标准工程文件，创建一个新窗体，默认名为 Form1。在窗体中再放置 1 个 HScrollBar 控件、6 个 Command 控件。添加 ShockwaveFlash 控件和 CommonDialog 控件，在 Visual Basic 的工具箱中单击鼠标右键，在快捷菜单中选择"部件"选项，在"部件"对话框中，勾选"控件"选项卡中的"ShockwaveFlash"和 Microsoft Common Dialog Control 6.0 控件选项。单击"确定"按钮，即可将其添加到工具箱中。ShockwaveFlash 控件在工具箱中的图标为，通用对话框控件在工具箱中的图标为。

双击 ShockwaveFlash 按钮和"通用对话框控件"按钮，将这些控件添加到窗体上，调整各对象位置后的界面如图 4-10 所示，各控件和属性如表 4-3 所示。

表 4-3   控件和属性

对　象	对象名称	属性	属　性　值	说　　明
窗体	Form1	Caption	我的 Flash 播放器	设置窗体 Form1 的标题
Flash 控件	ShockwaveFlash1	Name	swf	设置 ShockwaveFlash1 的名称
通用对话框	CommonDialog1	Name	dlg	设置 CommonDialog1 的名称
滚动条	HScrollBar1	Name	hslFrame	设置 HScrollBar1 的名称
按钮	Command1	Name	cmdOpen	设置窗体 Command1 的名称

续表

对　　象	对象名称	属　性	属 性 值	说　明
按钮		Caption	打开	设置按钮 Command1 的标题
	Command2	Name	cmdPlay	设置窗体 Command2 的名称
		Caption	播放	设置按钮 Command2 的标题
	Command3	Name	cmdStop	设置窗体 Command3 的名称
		aption	停止	设置窗体 Command3 的标题
	Command4	Name	cmdPrev	设置窗体 Command4 的名称
		Caption	前一帧	设置按钮 Command4 的标题
	Command5	Name	cmdNext	设置窗体 Command5 的名称
		Caption	后一帧	设置按钮 Command5 的标题
	Command6	Name	cmdExit	设置窗体 Command6 的名称
		Caption	退出	设置按钮 Command6 的标题

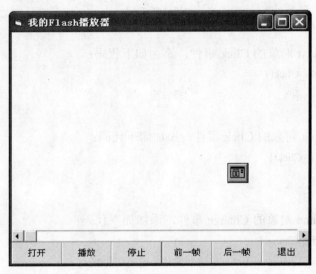

图 4-10　Flash 动画播放器界面布局

2．编写代码

（1）打开 Form1 的代码编辑器窗口，选择 cmdOpen 对象的 Click 事件，添加如下代码：

```
Private Sub cmdOpen_Click()
    dlg.Filter = "Flash(*.swf)|*.swf"          '设置文件名过滤器，只显示 Flash 文件
    dlg.ShowOpen
    If dlg.FileName = "" Then Exit Sub         '如果用户点了取消则退出处理
    swf.Movie = dlg.FileName                   '加载影片
    hslFrame.Max = swf.TotalFrames             '获取总帧数，并赋值给滚动条的最大值
End Sub
```

（2）选择 cmdPlay 对象的 Click 事件，添加如下代码：

```
Private Sub cmdPlay_Click()
```

```
        If swf.Playing = True Then              '如果正在播放则暂停
            swf.StopPlay
            cmdPlay.Caption = "播放" '按钮文本设置为"播放"
        Else
            swf.Play                            '否则就继续播放
            cmdPlay.Caption = "暂停"            '按钮文本设置为"暂停"
        End If
    End Sub
```

（3）选择 cmdStop 对象的 Click 事件，添加如下代码：

```
Private Sub cmdStop_Click()
    swf.Stop                          '停止
End Sub
```

（4）选择 cmdPrev 对象的 Click 事件，添加如下代码：

```
Private Sub cmdPrev_Click()
    swf.Back                    '播放后一帧
End Sub
```

（5）选择 cmdNext 对象的 Click 事件，添加如下代码：

```
Private Sub cmdNext_Click()
    swf.Forward                      '播放前一帧
End Sub
```

（6）选择 cmdExit 对象的 Click 事件，添加如下代码：

```
Private Sub cmdExit_Click()
    End
End Sub
```

（7）选择 hslFrame 对象的 Change 事件，添加如下代码：

```
Private Sub hslFrame_Change()
    swf.GotoFrame   hslFrame.Value   '跳到滚动条值所在的帧
End Sub
```

3．保存工程，运行并调试程序

保存本项目窗体文件为 FlashPlayer.frm，工程文件为 FlashPlayer.vbp，并生成 FlashPlayer.exe，最后在 Windows 系统中运行 FlashPlayer.exe。

CommonDialog 控件

CommonDialog 控件是一种通用对话框控件，它提供了一组标准的操作对话框，进行诸如打开和保存文件，设置打印选项，以及选择颜色和字体等操作，并且通过运行 Windows 的帮助引擎还能显示帮助信息。

在应用程序中要使用 CommonDialog 控件，可将其添加到窗体中并设置其属性。在界面设计时，CommonDialog 控件是以图标📖的形式出现在窗体中，并且图标的大小不能改变。在程序运行时，通过调用相应的方法或将 Action 属性设置为相关值，确定显示哪种对话框，具体设置如表 4-4 所示。

表 4-4	通用对话框的方法与 Action 属性	
类　型	Action 属性	方　法
无对话框	0	—
"打开"对话框	1	ShowOpen
"另存为"对话框	2	ShowSave
"颜色"对话框	3	ShowColor
"字体"对话框	4	ShowFont
"打印"对话框	5	ShowPrinter
"帮助"对话框	6	ShowHelp

除了 Action 属性外，CommonDialog 控件还具有一个公共属性——DialogTitle 属性。

格式： [对象名称.]DialogTitle =title

功能： 用于设置对话框的标题。

说明： "对象名称"参数是通用对话框名称，title 参数是通用对话框的标题名称。注意：当显示"颜色"、"字体"或"打印"对话框时，CommonDialog 控件忽略 DialogTitle 属性的设置，"打开"与"另存为"对话框的默认标题为"打开"与"另存为"。

在本项目中，主要使用了"打开"对话框类型，如图 4-11 所示。常用的属性如下。

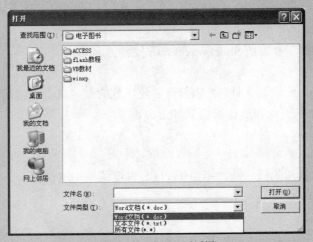

图 4-11　"打开"对话框

（1）FileName 属性：字符型，用于返回或设置用户要打开或保存的文件名（含路径）。

（2）Filter 属性

格式： [对象名称.] Filter=文件说明字符|类型描述

功能： 确定文件类型列表框中显示的文件类型。

说明： "对象名称"参数是通用对话框名称，文件说明字符描述文件类型的字符串表达式，类型描述用于指定文件扩展名的字符串表达式，"|"符号用于将文件说明字符与类型描述分隔。例如：

CommonDialog1.Filter="Word 文档（*.doc)|*.doc|文本文件（*.txt)|*.text|所有文件(*.*)|*.*"则在文件类型列表框中显示 Word 文档（*.doc)、文本文件（*.txt)和所有文件(*.*)3 种类型，如图 4-11 所示。

Shockwave 控件

　　在 Visual Basic 中可以使用 ActiveX 控件中的 ShockwaveFlash 控件来播放用 Flash 制作的 *.swf 文件的动画。

　　（1）常用属性

　　① Movie 属性

　　用于打开要播放的 Flash 动画文件（*.swf）。其格式如下：

　　　　[对象名称.] Movie=filename

　　若 Flash 动画文件存放在默认的路径下，可以用 App.Path 加载该文件；若 Flash 动画文件不是存放在默认的路径下，则要写出完整的路径名。

　　② Playing 属性

　　用于是否播放加载的 Flash 动画文件，返回值是逻辑值（True 或 False），默认值为 True。其格式如下：

　　　　[对象名称.] Playing=True|False

　　③ TotalFrames 属性

　　用于获取 Flash 影片的总帧数，返回值是整型数据。

　　（2）常用方法

　　① Play 方法

　　用于播放加载的 Flash 动画文件（*.swf），它与 Playing 属性的作用是相同的。其格式如下：

　　　　[对象名称.] Play

　　说明："对象名称"参数是 ShockwaveFlash 控件的名称。

　　② Stop 方法

　　用于停止播放 Flash 动画文件（*.swf）。需要注意的是，这个方法是停止，而不是暂停，停止后将重新从第 1 帧开始播放。其格式如下：

　　　　[对象名称.] Stop

　　③ Back 方法

　　用于跳到 Flash 影片的前一帧，相当于 Flash 右键菜单中的快退。其格式如下：

　　　　[对象名称.] Back

　　④ Forward 方法

　　用于跳到 Flash 影片的后一帧，相当于 Flash 右键菜单中的快进。其格式如下：

　　　　[对象名称.] Forward

　　⑤ StopPlay 方法

　　用于暂停 Flash 影片播放，暂停后再播放则继续播放暂停时的帧。其格式如下：

　　　　[对象名称.] StopPlay

　　⑥ GotoFrame

　　用于跳到 Flash 影片的指定帧播放。其格式如下：

　　　　[对象名称.]GotoFrame　　framenum

　　说明："对象名称"参数是 ShockwaveFlash 控件的名称，framenum 是指 Flash 影片的指定帧，其值为整型数据。

4.4 视频播放器

一、项目描述

利用系统提供的 Multimedia MCI 控件编写视频播放程序。程序运行时，单击"打开"按钮，通过对话框加载视频文件，接着单击"播放"按钮即可播放视频，运行界面如图 4-12 所示。

二、项目分析

本项目用到的一个重要控件就是 Multimedia MCI 控件，利用 Multimedia MCI 控件来控制视频文件的播放。视频文件需要播放窗口，此处可以采用一个 PictureBox 对象作为 Multimedia MCI 对象的播放窗口，即将 Multimedia MCI 对象的 hWndDisplay 属性设置为 PictureBox 对象的句柄。另外，为反映目前视频文件播放的位置，可采用一个 Slider 对象。该对象包含滑块，滑块的位置由该对象的 Value 属性决定。当用户单击"打开"按钮时，则调用 CommonDialog 控件，使得用户可以通过选择路径载入要播放的视频文件。

图 4-12　视频播放器运行界面

三、项目实现

1．创建用户界面

新建一个标准工程文件，创建一个新窗体，默认名为 Form1。在窗体中放置 4 个 Command 控件，1 个 PictureBox 控件。选择"工程→部件"菜单命令，打开"部件"对话框，然后在"控件"选项卡中勾选 Microsoft Common Dialog Control6.0、Microsoft Multimedia Control6.0 和 Microsoft Windows Common Controls 5.0 选项，将这些控件添加到工具箱中，如图 4-13 所示。

双击 MMControl、Slider 和"通用对话框"控件按钮，将这些控件添加到窗体上，调整各对象位置后的界面如图 4-14 所示，各控件和属性设置如表 4-5 所示。

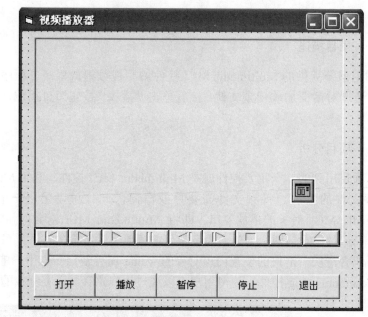

图 4-13　工具箱   图 4-14　视频播放器设计界面

表 4-5   控件和属性

对　　象	对象名称	属　性	属性值	说　　明
窗体	Form1	Caption	视频播放器	设置窗体 Form1 的标题
Multimedia MCI	MMControl1	Name	Mmc1	设置 MMControl1 的名称
		Visible	False	设置 MMControl1 为不可见
Slider	Slider1	Name	Sd1	设置 Slider1 的名称
通用对话框	CommonDialog1	Name	Cd1	设置按钮 Command1 的名称
按钮	Command1	Caption	打开	设置按钮 Command1 的标题
	Command2	Caption	播放	设置按钮 Command2 的标题
	Command3	Caption	暂停	设置窗体 Command3 的标题
	Command4	Caption	停止	设置按钮 Command4 的标题
	Command5	Caption	退出	设置按钮 Command5 的标题

2．编写代码

（1）打开 Form1 的代码编辑器窗口，选择 Form 对象的 load 事件，添加如下代码：

Private Sub Form_Load()

       MMC1.hWndDisplay = Picture1.hWnd   'Multimedia MCI 对象的 hWndDisplay 属性设置为 PictureBox 对象的句柄

     End Sub

（2）选择 Command1 对象的 Click 事件，添加如下代码：

```
Private Sub Command1_Click()
    CD1.Filter = "All Files(*.*)|*.*|视频文件(*.Dat)|*.dat|avi 文件|*.avi"
                                    '设置可以打开的文件类型
    CD1.FilterIndex = 2             '默认的文件类型为*.dat
    CD1.ShowOpen                    '调用通用对话框
    MMC1.FileName = CD1.FileName    '加载视频文件
    MMC1.Command = "open"           '打开视频文件
    Sd1.Max = MMC1.Length           'Sd1 的最大值为被打开的文件的长度
End Sub
```

（3）选择 Command2 对象的 Click 事件，添加如下代码：

```
Private Sub Command2_Click()
    MMC1.Command = "play"           '播放视频文件
End Sub
```

（4）选择 Command3 对象的 Click 事件，添加如下代码：

```
Private Sub Command3_Click()
    MMC1.Command = "pause"          '暂停视频文件的播放
End Sub
```

（5）选择 Command4 对象的 Click 事件，添加如下代码：

```
Private Sub Command4_Click()
    MMC1.Command = "stop"           '停止视频文件的播放
    MMC1.Command = "prev"           '转向视频文件开始位置
End Sub
```

（6）选择 Command5 对象的 Click 事件，添加如下代码：

```
Private Sub Command5_Click()
    MMC1.Command = "stop"           '停止视频文件的播放
    MMC1.Command = "close"          '关闭 MMC1 对象所控制的媒体设备
    End
End Sub
```

（7）选择 MMC1 对象的 StatusUpdate 事件，添加如下代码：

```
Private Sub MMC1_StatusUpdate()
If MMC1.DeviceID <> 0 Then
    If Sd1.Value <> MMC1.Position Then
        Sd1.Value = MMC1.Position   '将当前视频文件播放的位置显示在 Sd1 对象上
    End If
End If
End Sub
```

3．保存工程，运行并调试程序

保存本项目窗体文件为 VideoPlayer.frm，工程文件为 VideoPlayer.vbp，并生成 VideoPlayer.exe，最后在 Windows 系统中运行 VideoPlayer.exe。

Slider 控件

Slider 控件位于 Microsoft Windows Common Controls 5.0 部件中，其添加到工具箱后的图标为 ᴸᴸ 。Slider 控件包含滑块和可选择性刻度标记，与滚动块控件类似，可以通过拖动滑块、单击滑块两侧或者使用键盘移动滑块。Slider 控件适用于选择离散数值或某个范围内的一组连续数值的场合。

Slider 控件除了具有与滚动条控件用法相类似的基本属性（如 Min、Max、SmallChange、LargeChange 和 Value 属性）外，还具备以下重要属性。

（1）TextPosition 属性：确定当鼠标单击滑块时所提示的当前刻度值相对于 Slider 控件的位置。

（2）TickFrequency 属性：决定 Slider 控件上刻度标记的频率。

（3）TickStyle 属性：决定 Slider 控件上显示的刻度标记的样式。

Slider 控件的常用事件为 Scroll 和 Change，其触发条件与滚动条控件相同。

Multimedia MCI 控件

Multimedia MCI 控件是 Windows 平台上的多媒体控制接口标准。用户可以方便地使用该控件去控制标准的多媒体设备（MCI 设备）。

Multimedia MCI 控件如图 4-15 所示，从左至右一共有 9 个按钮：Prev、Next、Play、Pause、Back、Step、Stop、Record 和 Eject，其对应的 MCI 命令如表 4-6 所示。

图 4-15　Multimedia MCI 控件

表 4-6   **Multimedia MCI 命令**

命 令	说 明	命 令	说 明
OPEN	打开 MCI 设备	CLOSE	关闭 MCI 设备
BACK	向后步进可用的曲目	STEP	向前步进可用的曲目
PLAY	用 MCI 设备进行播放	PAUSE	暂停播放或录制
PREV	跳到当前曲目的起始位置	NEXT	跳到下一曲目的起始位置
STOP	停止 MCI 设备	RECORD	录制 MCI 设备的输入
EJECT	从 CD 驱动器中弹出 CD	SAVE	保存打开的文件

（1）Multimedia MCI 控件的常用属性

① AutoEnable 属性

决定 Multimedia MCI 控件是否能够自动启动或关闭控件中的每个按钮，其值为布尔类型。如果 AutoEnable 属性设置为 True，Multimedia MCI 控件启用指定 MCI 设备类型在当前模式下所支持的全部按钮。

② ButtonEnabled 属性

决定是否启用或禁用控件中的某个按钮（禁用的按钮以淡化的形式显示）。当其值为 True 时，则启用指定的按钮；当其值为 Flase 时，不启用指定的按钮。对于该属性 Button 可以使以下任意一种：Back、Eject、Next、Pause、Play、Prev、Record、Step 或 Stop。例如：如果要禁用 Stop 按钮，可以使用以下语句：

Multimedia MCI 控件名称.PauseEnabled=False

③ ButtonVisible 属性

决定指定的某个按钮是否在控件中显示。当其值为 True 时，则显示指定的按钮；当其值为 Flase 时，则隐藏指定的按钮。同 ButtonEnabled 属性类似，如果要隐藏 Step 按钮，可以使用如下语句：

Multimedia MCI 控件名称.StepVisible=False

④ Command 属性

指定将要执行的 MCI 命令，在设计时 Command 属性不可用。其语法表示如下：

Multimedia MCI 控件名称.Command[=命令字符串]

命令字符串给出了将要执行的 MCI 命令的名称（见表 4-6），这些命令被立即执行，并将错误代码存放在 Error 属性中。

⑤ FileName 属性

指定要打开的 MCI 设备的文件名，其值为包含文件目录和文件名称的字符串。

⑥ hWndDisplay 属性

定位画面播放的位置。

⑦ Position 属性

指定打开的 MCI 设备的当前位置。在设计时 Position 属性不可用，在运行时它是只读的。

⑧ Length 属性

保存打开的 MCI 设备上的媒体长度。在设计时 Length 属性不可用，在运行时它是只读的。

⑨ Start 属性

指定当前媒体的起始位置。在设计时 Start 属性不可用，在运行时它是只读的。

⑩ DeviceType 属性

用来指定要打开的 MCI 设备类型。Multimedia MCI 控件可播放的媒体类型取决于所使用的计算机中所具有的 MCI 设备，在使用该控件前，需要先为其指定所使用的 MCI 设备类型。

（2）Multimedia MCI 控件的常用事件

① ButtonClick 事件

当单击 Multimedia MCI 控件上的按钮并释放鼠标时发生，其语法格式如下：

Private Sub Multimedia MCI 控件名称_ButtonClick(Cancel As Integer)

② StatusUpdate 事件

按 UpdateInterval 属性所给定的时间间隔自动地发生，也许应用程序更新显示，以通知用户当前 MCI 设备的状态，比如从 Position、Length 等属性中获得状态信息。其语法表示如下：

Private Sub Multimedia MCI 控件名称_StatusUpdate()

练 习 题

一、填空题

1. Visual Basic 用_____组件、_____及_____组建来建立一个资源管理器。

2. FileListBox 的_____属性用来控制我们需要的扩展名。

3．在 Pattern 属性中，如果要一次寻找多种扩展名，可用_____作间隔。

4．假定有一个通用对话框控件 CommandDialog1，除了用 CommonDialog1.Action=1 显示"打开"对话框之外，还可以使用_____方法显示。

5．Multimedia MCI 控件的全称是_____。

6．_____属性是 Multimedia MCI 控件中用来指定 Open 命令或 Save 命令的目标文件。

7．Multimedia MCI 控件的 DeviceType 属性被用来_____。

8．Multimedia MCI 控件的 ButtonEnabled 属性决定了_____。当其值为_____时，则启用指定的按钮；当其值为_____时，不启用指定的按钮。

二、程序题

1．设计一个能够播放音乐文件的"VCD 播放器"，要求实现功能如下：

（1）能够打开并播放任意一个 VCD 文件；

（2）使用 Slider 控件来动态显示播放位置。

2．利用 Multimedia MCI 控件设计"MP3 播放器"，如图 4-16 所示，要求实现功能如下：

（1）使用 Slider 控件来动态显示播放位置；

（2）通过"打开"按钮，选择要播放的 MP3 文件，并显示在"文件名"处。

图 4-16　MP3 播放器

第 5 章 应用与提高——实践练习系统

编写一个完整的、实用的软件是每个学习程序设计语言者的目标。在本章的学习过程中我们将完成一个《学生实践练习系统》软件的编写，系统设计界面如图5-1所示。

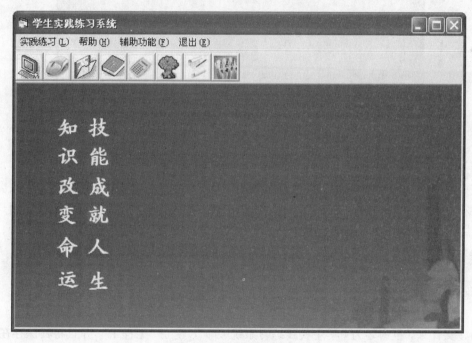

图 5-1 实践练习系统界面

在实现该软件的过程中，除了用到前面所学的程序设计的基础知识外，还要用到键盘的各种控制以及相关事件的处理来实现。用鼠标相关事件的处理、控制来实现硬件学习的功能，通过菜单将应用程序的两个功能有机地组织起来。

5.1 指法练习游戏

一、项目描述

本项目是一个简易的指法练习游戏，"按 F2 键练习开始，按 F3 键练习结束"。每次计算机会随机产生 5 个小写英文字符，分别从屏幕的 5 个位置向下掉落，当落到图片底端时，就是一次失误，将重新产生一个字符，又开始从最上方掉落。在掉落的过程中，练习者按了相应的字符键，该字符消失并得一分，同时重新产生一个新字符，又开始从最上方往下掉落，如图 5-2 所示。

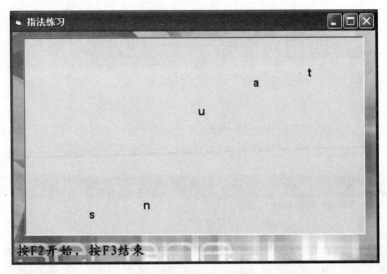

图 5-2 实践练习系统界面

二、项目分析

完成项目的功能就需要捕捉键盘上的按键，所以本项目的主要功能由键盘事件来完成。通过对相应控件的 KeyPress、KeyDown、KeyUp 事件进行代码撰写，实现直接接触用户的按键。使用图形框的 KeyDown 事件判断是否按下 F2 键、F3 键，确定游戏的开始和结束；使用 KeyPress 事件判断是否打对字符；通过时钟控制字符的产生与下落的过程。

三、项目实现

1．建立项目设计环境

新建文件夹，重命名为"学生实践练习系统（1）"，建立"工程 1"，并且将其保存在 "学生实践练习系统（1）"文件夹中。

2．设计界面

界面比较简单，只需要一个字母掉落的空间和一个计时器。这里使用图片方块当作字母掉落的空间（也可以直接使用窗体），其控件和属性如表 5-1 所示。

表 5-1   控件和属性

对　　象	对象名称	属　　性	属 性 值	说　　明
窗体	Form1	Caption	打字游戏	
		Picture	fg.jpg	
图形	pic	FontTransparent	False	不透明
计时器	Timer1	Interval	500	半秒

教你一招：擦除字符

要擦除窗体或 PictureBox 上的背景文本或图形，只要将相应的 FontTransparent 属性设置为 False（不透明），然后用空白的字符直接盖在原来的字符上。

3．编写代码

（1）打字练习未开始前，将忽略练习者打字的动作，所以定义 GameOn 变量来分辨练习是否已经启动了，cLeft 和 cTop 两个数组则是记录字符的位置，Disp 记录掉落的是哪一些字符。定义区的程序代码如下：

```
Dim GameOn   As Boolean
Dim Disp As String
Dim cTop(1 To 5), cLeft(1 To 5) As Single
```

（2）接下来处理窗体开始的动作。为避免产生错误，Disp 字符串必须给予初值，同时设定 GameOn 为 False，表示游戏尚未开始。Form_Load 事件程序代码如下：

```
Private Sub Form_Load()
 Disp = "abcde"
 GameOn = False
End Sub
```

（3）然后设计"按 F2 开始，按 F3 结束"的信息于窗体下方，用 CurrenX 和 CurrenY 表明字符串在窗体中显示的位置（它适用于所有的绘图方法）。

```
Private Sub Form_Paint()
 Form1.CurrentX = 50
 Form1.CurrentY = Pic.Height + 300
 Form1.Print "按 F2 开始，按 F3 结束"
End Sub
```

（4）本案例中使用 KeyDown 事件程序捕捉，当练习者按下 F2 键时，KeyCode 为 113，此时我们要先清除图片方块上信息，同时将 cTop 数组的值设为 0，表示每一位置的字符都尚未开始掉落，然后启动计时器（Enable），计时器的 Timer 事件将会执行产生字符和掉落的检查工作。如果按下 F3 键，则执行 End 结束工作，程序代码如下：

```
Private Sub PicTypet_KeyDown(KeyCode As Integer, Shift As Integer)
Dim i As Integer
If KeyCode = 113 Then                    '如果按下 F2 键
    Pic.Cls
    For i = 1 To 5                       '5 个字符的位置都在屏幕顶部
      cTop(i) = 0
    Next i
    Timer1.Enabled = True               '启动时钟
    GameOn = True                       '开始练习
ElseIf KeyCode = 114 Then               '如果按下 F3 键
    Timer1.Enabled = False              '结束练习
```

```
    Form1.Hide                              '关闭窗体
  End If
End Sub
```

KeyDown 事件与 KeyUp 事件

KeyDown 事件是按键被按下时所产生的，KeyUp 事件是按键松开时所产生的，返回的是键盘的直接状态，即所按键的键代码（KeyCode）。

KeyDown 事件和 KeyUp 事件过程的一般格式为：

    Private Sub 对象名_KeyDown|KeyUp（KeyCode As Integer，Shift As Integer）

       …

    End sub

事件带有的两个参数。

（1）KeyCode：它是按键的实际键代码，键盘上所有的键位都有。该码是以"键"为准，也就是说，一个键只有一个 KeyCode，不分大写和小写，也不分上挡键下挡键。对于字母键，则一律返回该键所对应的 ASCII 码值作为 KeyCode；对于具有上下挡的键，则返回下挡字符的 ASCII 码值；而对于数字键来说，打字键区的数字键和数字区的数字键返回不同的 KeyCode。对于不同键位的 KeyCode，可以通过该事件方便求出。

（2）Shift：这是一个反应 3 个控制键（Shift、Ctrl、Alt）状态的参数，以便在程序中捕捉用户在操作时是否按动了这些键。具体意义如表 5-2 所示。

表 5-2   控制键按键代码

二 进 制			十 进 制	说 明
Alt	Ctrl	Shift		
0	0	0	0	3 个键均未按下
0	0	1	1	按下 Shift 键
0	1	0	2	按下 Ctrl 键
0	1	1	3	同时按下 Shift 键、Ctrl 键
1	0	0	4	按下 Alt 键
1	0	1	5	同时按下 Shift 键、Alt 键
1	1	0	6	同时按下 Shift 键、Ctrl 键
1	1	1	7	同时按下 Shift 键、Ctrl 键、Alt 键

✎ 教你一招：捕捉按键信息

只有获得焦点的对象可以接受键盘事件，当窗体为活动窗体且其上所有控件均未获得焦点时，窗体可以获得焦点。在控件的 KeyPress、KeyDown、KeyUp 三种事件程序中撰写程序。

4．字符的产生和掉落过程的设计

在 Timer1_Timer 事件里，每次最多产生一个掉落字符，何时产生字符由 cLeft 和 cTop 的值决定。当 cTop 为 0 时，表示该位置没字符，用随机数的方式产生字符，可是当它不是 0 时就必须要让它向下掉。掉落的方法是：将原来位置的字符擦掉，由于 Fonttransparent 属性为假，所以可以用空白字符直接覆盖原来的字符，然后向下调整位置重新显示，当它到达显示窗口底部时（cTop=2000）将该字符清除，同时将 cTop 值设为 0，以便重新开始。

程序代码如下：

```
Private Sub Timer1_Timer()
    Dim i As Integer
    For i = 1 To 5
        If cTop(i) = 0 Then                              '该位置没字符，用随机数的方式产生字符
            cLeft(i) = i * 600 + 200                      '确定水平位置
            cTop(i) = i
            Mid$(Disp, i, 1) = Chr(97 + Int(Rnd * 26))    '用随机产生的字符替换第 i 个字符
            Exit Sub
        Else
            Pic.CurrentX = cLeft(i)                       '记录当前字符水平位置
            Pic.CurrentY = cTop(i)                        '记录当前字符垂直位置
            Pic.Print "   "                               '用空白字符覆盖原来字符
            cTop(i) = cTop(i) + 200                       '字符继续下掉
            Pic.CurrentX = cLeft(i)
            Pic.CurrentY = cTop(i)
            Pic.Print Mid$(Disp, i, 1)
            If cTop(i) > 2000 Then                        '字符下掉到窗口底部
                Pic.CurrentX = cLeft(i)
                Pic.CurrentY = cTop(i)
                Pic.Print "   "
                cTop(i) = 0                               '字符到达窗口底部，消除字符
            End If
        End If
    Next i
End Sub
```

5．击键是否正确的设计

使用 KeyPress 事件检查是否打对了字符，当 KeyAscii 的值转换成字符后与 Disp 中的字符相同，表示打对了，这时将该字符消除，同时将 cTop 值设定为 0。

程序代码如下：

```
Private Sub Pic_KeyPress(KeyAscii As Integer)
    If GameOn Then                                        '若打字练习开始
        For i = 1 To 5
            If cTop(i) <> 0 Then
                If Chr(KeyAscii) = Mid$(Disp, i, 1) Then   '如果按键正确
                    Pic.CurrentX = cLeft(i)                '将光标移动到该字符处
                    Pic.CurrentY = cTop(i)
                    Pic.Print "   "                        '用空白覆盖字符
                    cTop(i) = 0
```

```
                End If
            End If
        Next i
    End If
End Sub
```

KeyPress 事件

按下和松开一个 ANSI 键时发生 KeyPress 事件。该事件可用于窗体、复选框、组合框、列表框、命令按钮、图片框、文本框等大多数控件。当一个控件或窗体具有焦点时，该控件或窗体将接受键盘上输入的信息。例如：当一个文本框具有焦点时，从键盘输入的任何信息都将显示在文本框中。

KeyPress 事件过程的一般格式为：

```
    Private   Sub 对象名_KeyPress（keyascii As Integer）
        …
    End sub
```

该事件过程有一个参数 keyascii，它可以识别按键的 ASCII 码值，例如，按下"A"键，keyascii 的值为 65，而按下"a"时，其值则为 97。

利用 KeyPress 事件可以过滤键盘的输入，识别用户是否按下特定的键，实现大小写的转换等。例如：Private   Sub Text1_KeyPress（keyascii   As   Integer）

```
    Keyascii=Asc（Ucase（Chr（KeyAscii）））
        IF Keyascii=13    THEN
            Command1.setFocus
        End IF
    End Sub
```

该程序一方面将用户输入转换成大写字母，另外还用于检测用户在文档中输入时是否按下了 Enter 键，如按下 Enter 键（ASCII 码值为 13），则将焦点移到命令按钮上。

---

6. 运行与保存程序

保存本项目工程文件"工程 1.vbp"，并生成可执行文件 dazi.exe，最后在 Windows 系统中运行 dazi.exe。

5.2 硬 件 纸 牌

一、项目描述

本项目是一个简单的硬件学习游戏，整个游戏过程都使用鼠标操作完成。窗体上有 4 张硬件图片，游戏者根据提示将相应的硬件名称拖入到指定的区域，如果选择正确，图片会被移动到指定区域，否则图片会自动回到原来位置，并且提示目前完成的题目数以及选择的次数。单击"下一题"按钮则进入下一道题目的选择，单击"返回"按钮则退出游戏。界面如图 5-3 所示。

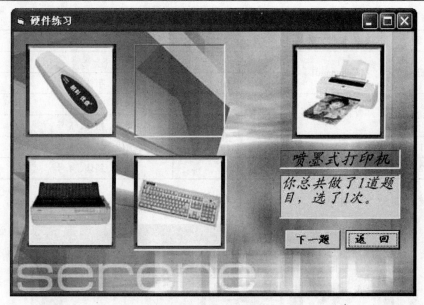

图 5-3　硬件纸牌界面

二、项目分析

本项目是对以前比较流行的"硬件纸牌"游戏进行了一个修改，通过鼠标操作事件完成项目的功能。通过对相应控件的 MouseDown、MouseUp、MouseMove 事件进行代码撰写实现选择的图片跟着鼠标移动的效果。本项目要通过无重复记录查找的算法，实现每次产生的题目和前面的不重复。

三、项目实现

1．建立项目设计环境

把"学生实践练习系统（1）"文件夹进行复制，并且重命名为"学生实践练习系统（2）"，打开其中的"工程 1"文件，在此基础上进行操作。

2．设计界面

界面比较简单，用鼠标右键单击"工程资源管理器"，在快捷菜单中选择"添加"命令，选择"添加窗体"，创建"Form2.frm"窗体，其控件和属性如表 5-3 所示。

表 5-3　　　　　　　　　　　　　　控件和属性

对　象	对象名称	属　性	属　性　值	说　明
窗体	Form2	Caption	硬件练习	
		Picture	fg.jpg	
图像数组 1	Image1	Picture	（载入）	
		Index	0、1、2、3	
图像数组 2	Image2	Picture	（载入）	
		Index	0、1、2、3	
图像	Image3			

续表

对　象	对象名称	属　性	属　性　值	说　明
命令按钮 1	Command1	Caption	下一题	
		Font	楷体、粗体、5 号	
命令按钮 2	Command2	Caption	返回	
		Font	楷体、粗体、5 号	
标签 1	Label1	Font	楷体、斜体、3 号	
标签 2	Label2	Font	楷体、斜体、4 号	

界面设计如图 5-4 所示。

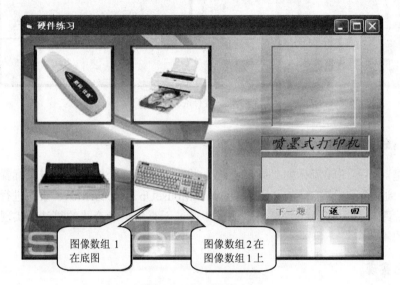

图 5-4　硬件纸牌设计界面

教你一招：设置启动窗体

当一个工程里有几个不同的窗体时，要指定"启动窗体"来决定程序运行时首先启动的窗体。选择"工程/工程属性"，在弹出的对话框中选择"通用"标签，此时可以在"启动窗体"中选择相应的窗体，使它成为启动窗体。

3. 编写代码

（1）定义窗体级变量和数组。练习开始前，要将所有硬件图片的文件名和相对应的硬件名称保存在变量中，所以定义数组 T1(19) 和 L1(19) 分别存储文件名和相对应的硬件名称。定义的程序如下：

```
Dim T1(19) As String

Dim L1(19) As String

Dim A(4) As Integer

Dim A1 As Integer

Dim dx As Integer, dy As Integer

Dim tm As Integer, zcs As Integer
```

（2）编写装载窗体的事件过程代码，代码如下：

```
Private Sub Form_Load()
    T1(1) = App.Path & "\IMAGE\1.JPG"    :    T1(2) = App.Path & "\IMAGE\2.JPG"
    T1(3) = App.Path & "\IMAGE\3.JPG"    :    T1(4) = App.Path & "\IMAGE\4.JPG"
    T1(5) = App.Path & "\IMAGE\5.JPG"    :    T1(6) = App.Path & "\IMAGE\6.JPG"
    T1(7) = App.Path & "\IMAGE\7.JPG"    :    T1(8) = App.Path & "\IMAGE\8.JPG"
    T1(9) = App.Path & "\IMAGE\9.JPG"    :    T1(10) = App.Path & "\IMAGE\10.JPG"
    T1(11) = App.Path & "\IMAGE\11.JPG"  :    T1(12) = App.Path & "\IMAGE\12.JPG"
    T1(13) = App.Path & "\IMAGE\13.JPG"  :    T1(14) = App.Path & "\IMAGE\14.JPG"
    T1(15) = App.Path & "\IMAGE\15.JPG"  :    T1(16) = App.Path & "\IMAGE\16.JPG"
    T1(17) = App.Path & "\IMAGE\17.JPG"  :    T1(18) = App.Path & "\IMAGE\18.JPG"
    T1(19) = App.Path & "\IMAGE\19.JPG"
    L1(1) = "鼠标"     :     L1(2) = "光驱"    :    L1(3) = "主板"
    L1(4) = "CPU"      :     L1(5) = "内存条"  :    L1(6) = "键盘"
    L1(7) = "硬盘"     :     L1(8) = "软驱"    :    L1(9) = "软盘 (写保护)"
    L1(10) = "显卡"    :     L1(11) = "喷墨式打印机"    :    L1(12) = "针式打印机"
    L1(13) = "光盘"    :     L1(14) = "优盘"   :    L1(15) = "主机箱"
    L1(16) = "液晶显示器"    :    L1(17) = "CRT 显示器"    :    L1(18) = "软盘 (可读写)"
    L1(19) = "笔记本电脑"
    Label2.Caption = ""
    zcs = 0: tm = 0
    Call Command1_Click
    Randomize Timer
End Sub
```

教你一招：调用文件的路径问题

在软件中往往要载入一些诸如图片等的文件，文件的路径经常会出现一些问题，致使找不到相应的文件。可以使用 App.Path，它表示应用程序所在的目录，我们只要把所使用的文件或文件夹放在应用程序所在的目录下就可以很容易地表示它的路径。例如：用 App.Path & "\IMAGE\1.JPG" 表示应用程序所在的目录下的 IMAGE 文件夹下的 1.JPG 文件。

（3）编写用鼠标拖动图片的代码，代码如下：

```
Private Sub Image2_MouseDown(Index As Integer, Button As Integer, Shift As Integer, X As Single, Y As
Single)
    dx = X
    dy = Y
End Sub
```

MouseDown 事件发生记录光标所在位置，保存在变量 Dx 和 Dy 中。

```
Private Sub Image2_MouseMove(Index As Integer, Button As Integer, Shift As Integer, X As Single, Y As
Single)
    If Button = 1 Then
```

```
            Image2(Index).Move Image2(Index).Left + X−dx, Image2(Index).Top + Y−dy
            Image1(Index).Visible = True
        End If
    End Sub
```

MouseMove 事件发生时使图片对象跟着鼠标光标的位置移动。

鼠标按钮放开时，MouseUp 事件发生，此时检查是否将图片放到 Image3 里，代码如下：

```
Private Sub Image2_MouseUp(Index As Integer, Button As Integer, Shift As Integer, X As Single, Y As Single)
    If Button = 1 Then
        If   Image2(Index).Left + X > Image3.Left And Image2(Index).Top + Y > Image3.Top Then
            zcs = zcs + 1
            If Index = A1 Then
                Image3.Picture = Image2(Index).Picture
                Image2(Index).Picture = LoadPicture("")
                Command1.Enabled = True
            End If
        End If
        Image2(Index).Left = Image1(Index).Left    :    Image2(Index).Top = Image1(Index).Top
    End If
    Label2.Caption = "你总共做了" & tm & "道题目，选了" & zcs & "次。"
End Sub
```

如果选择正确，那么图片就放置在 Image3 上，选择错误时图片返回原来的位置。

（4）编写随机产生下一题的代码：

```
Private Sub Command1_Click()
Image3.Picture = LoadPicture("")
tm = tm + 1
For i = 0 To 3       'i 表示 4 个选项（0～3）
    Do
        N = Int(Rnd * 19 + 1)                '随机抽取一个图片序号
        f = 0                                '是否重复标志
        For  J   = 0 To i − 1                '判断是否重复,查找循环
          If N = A(J) Then f = 1             '重复
        Next J
    Loop While f = 1                         '若重复则重新抽取图片序号
    Image2(i).Picture = LoadPicture(T2(N))
    A(i) = N
Next i
A1 = Int(Rnd * 4)                            '随机选取 4 个选项中一个作为答案
Label1 = L1(A(A1))                           '将相应的硬件名称显示在标签 1 中
Command1.Enabled = False
```

End Sub

上述代码采用了逆向思维方法，从提供的图片中随机抽取 4 个作为该小题的选项 (选项若有重复需要重新产生)，然后在 4 个选项中随机抽取 1 个。

（5）编写返回的代码：

Private Sub Command2_Click()

    Call Form_Load

    FORM2.Hide

End Sub

4. 运行与保存程序

保存本项目工程文件"工程 1.vbp"，并生成可执行文件 yingjian.exe，最后在 Windows 系统中运行 yingjian.exe。

鼠标事件

VB 应用程序可以响应多种鼠标事件，除了前面介绍的常用的 Click 事件和 Dbclick 事件以外，还可以检测鼠标的位置，判定按下的是左键还是右键，响应鼠标按键与 3 个控制键的组合，如按 Shift 键单击鼠标的常规操作。要实现这些功能，需要使用以下 3 个鼠标操作事件。

MouseDown：按下鼠标案键时发生。

MouseUp：松开鼠标按键时发生。

MouseMove：鼠标移动时发生。

这 3 个事件所使用的事件过程模板是非常相似的：

    Private Sub 对象名_事件名（Button As Integer，Shift As Integer，X As Single，Y As Single）

      …

    End sub

Button：是一个检测鼠标按键的参数，也是 3 位二进制数。

十 进 制	常 量	含 义
1	vbLfetButton	鼠标左键按下
2	vbRightButton	鼠标右键按下
4	vbMiddleButton	同时按下左、右键1

X、Y：表明鼠标指针的位置，它与接受鼠标事件的对象的坐标系统有关。

Shift：检测 3 个控制键 Shift、Ctrl、Alt 的状态，意义与鼠标相同。

小技巧：

当鼠标指针位于无控件的窗体上时，窗体将识别鼠标事件；否则控件将识别鼠标事件。如果按下鼠标不放，则对象将继续识别所有鼠标事件，即使指针已经离开了对象也是如此，直到用户释放鼠标。

5.3　系统功能集成

一、项目描述

本项目把"指法练习"和"硬件练习"两个项目的功能和系统的一些辅助功能用一种机制组织起来，以提供一个友好的界面，即设计 MDI 窗体界面为容器，并在其上设置下拉式菜单来进行管理。界面如图 5-5 所示。

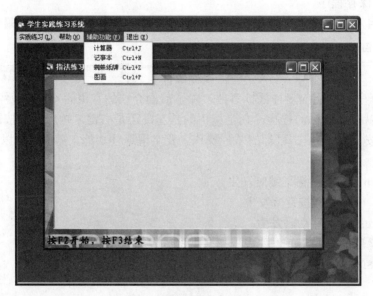

图 5-5　系统功能集成界面

二、项目分析

本项目和很多 Windows 应用程序一样，采用了比较常见的多窗体界面，可以同时打开"指法练习"和"硬件练习"等多个子窗体。设计时除了"指法练习"和"硬件练习"两个窗体外，添加了"系统说明"和"关于"两个窗体，并且这 4 个窗体都设置为子窗体；另外，创建一个 MDI 窗体"学生实践练习系统"为主界面窗体，同时在 MDI 窗体上设置菜单栏。

三、项目实现

1. 建立项目设计环境

把"学生实践练习系统（2）"文件夹进行复制，并且重命名为"学生实践练习系统（3）"，打开其中的"工程 1"文件，在此基础上进行操作。

2. 创建 MDI 窗体和子窗体

选择菜单项"工程"，选择命令"添加 MDI 窗体"，在对话框中的"新建"标签下选择"MDI窗体"，在工程中建立 MDIForm1 窗体，并且 MDIForm1 成为启动窗体。用鼠标右键单击"工程资源管理器"，在快捷菜单中选择"添加"，选择"添加窗体"，分别创建窗体 Form3.frm 和 Form4.frm，各控件和属性如表 5-4 所示。

表 5-4 控件和属性

对　象	对象名称	属　性	属　性　值	说　明
MDI 窗体	MDIForm1	Caption	学生实践练习系统	
		Picture	FM1.jpg	
窗体	Form3	Caption	系统说明	
		Picture	xtsm.JPG	
窗体	Form4	Caption	关于…	
		Picture	gybj.JPG	

分别将窗体 Form1.frm、Form2.frm、Form3.frm、Form4.frm 的 MDIChild 属性设置为 True，这样它们就成为 MDI 窗体的子窗体。

3．创建 MDI 窗体系统菜单

（1）规划菜单

首先规划菜单结构，"学生实践练习系统"的菜单结构如表 5-5 所示。

表 5-5 菜单结构

实践学习（&L）		帮助（&II）		辅助功能（&H）		退出（&E）
打字练习	Ctrl+D	系统说明	Ctrl+X	计算器	Ctrl+J	
硬件练习	Ctrl+Y	关于…	Ctrl+G	记事本	Ctrl+N	
				蜘蛛纸牌	Ctrl+Z	
				画图	Ctrl+P	

（2）选择工具栏上的菜单编辑器按钮 📋 或从 VB 主菜单中单击"工具/菜单编辑器"，打开"菜单编辑器"对话框，如图 5-6 所示。

① 在"标题"文本框中输入菜单上要显示的文本，如"实践练习"。

② 在"名称"文本框中输入该菜单控件的名称，用于在编程过程中的引用，如 Lx，命名时一般要体现菜单的层次。如"实践练习"下的"打字练习"选项可命名为 LxDz。

③ 通过 ➡ 和 ⬅ 按钮来改变菜单的层次，单击 ➡ 按钮将菜单降低一层，即如果原来是菜单标题，降低后则变为菜单选项，降低后在控件前出现"…"符号。每单击一次降低一层。⬅ 按钮的作用正好与此相反。⬆ 和 ⬇ 两个按钮显然是用于改变菜单控件的顺序。

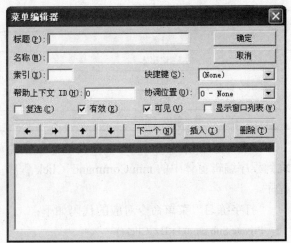

图 5-6 "菜单编辑器"对话框

④ 根据需要设计其他属性。本项目没有设计过多的属性，实际上在菜单栏中比较常见的设置还有以下几项。

a．热键：选择要加热键的菜单控件，在其"标题"文本框中文本前面或后面输入前导字符"&"，再输入作为热键的字母。如："实践学习（&L）"，在窗体上表现为"实践学习（L）"，运行时可以使用 Alt+L 组合键打开菜单。

b．快捷键：在某些菜单选项频繁使用时，可以在不打开菜单的情况下快速执行菜单命令。选择要设置快捷键的菜单选项，在"快捷键"标签处选择快捷键的组合。

c．菜单分组：将逻辑上相近的菜单选项分成一个组，各组之间用分隔线隔开。设置时选中添加分隔线的菜单选项，单击"插入"按钮，在"标题"文本框中输入"-"（半角），在"名称"文本框中输入名称即可。

⑤ 单击"下一个"按钮再创建下一个菜单控件，重复第①步～第④步，直至所有菜单设置完成，如图 5-7 所示。

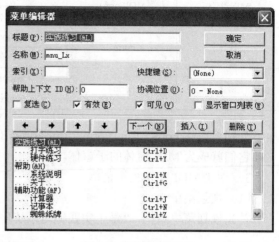

图 5-7　菜单编辑器设置

4．菜单和程序的连接

接下来进行程序连接，首先将各个选项的标题和名称对应如下：

标　题	名　称
实践练习（&L）	Mnu_Lx
....打字练习	Mnu_LxDz
....硬件练习	Mnu_LxYj
帮助（&H）	Mnu_Bzh
....系统说明	Mnu_XtSm
....关于...	Mnu_gy
辅助功能（&H）	Mnu_Fz
....计算器	Mnu_Fzjsq
....记事本	Mnu_FZjs
....蜘蛛纸牌	Mnu_Fzzp
....画图	Mnu_FZth
退出（&E）	Mnu_Exit

标题是显示给用户看的，名称是连接程序的。在窗体编辑时单击"命令"按钮选项，就跳到程序编辑窗体中的 mnuCommand_Click 程序上。执行时用户单击命令按钮就会执行这个程序。

"打字练习"菜单命令对应的代码如下：

```
Private Sub mnu_LxDz_Click()
    Form1.Show
End Sub
```

"硬件练习"菜单命令对应的代码如下：

```
Private Sub mnu_LxYj_Click()
    Form2.Show
```

```
End Sub
```

"系统说明"菜单命令对应的代码如下：

```
Private Sub mun_XTSM_Click()
    Form3.Show
End Sub
```

"关于…"菜单命令对应的代码如下：

```
Private Sub mun_gy_Click()
    Form4.Show
End Sub
```

"计算器"菜单命令对应的代码如下：

```
Private Sub Mnu_Fzjsq_Click()
    Shell "C:\WINDOWS\system32\calc.EXE"
End Sub
```

"记事本"菜单命令对应的代码如下：

```
Private Sub Mnu_FZjs_Click()
    Shell "C:\WINDOWS\system32\notepad.EXE"
End Sub
```

"蜘蛛纸牌"菜单命令对应的代码如下：

```
Private Sub Mnu_Fzzp_Click()
    Shell "C:\WINDOWS\system32\spider.EXE"
End Sub
```

"画图"菜单命令对应的代码如下：

```
Private Sub Mnu_FZth_Click()
    Shell "C:\WINDOWS\system32\mspaint.EXE"
End Sub
```

"打字练习"菜单命令对应的代码如下：

```
Private Sub mnu_exit_Click()
    End
End Sub
```

5．运行与保存程序

保存本项目工程文件"工程 1.vbp"，并生成可执行文件 xtjc1.exe，最后在 Windows 系统中运行 xtjc1.exe。

✖ 小技巧：

通常 Visual Basic 的对象都用 3 个字母代表它是哪一种对象，后面才接一般的命名。例如：cmd 表示 CommandButton；mnu 表示 Menu。

◎ 知识链接：认识 MDI 窗体

1．MDI 窗体简介

MDI 窗体是指一个主窗体内有许多的子窗体，诸如 Word、Excel 等应用软件是主窗体，而相应的文档文件是子窗体。子窗体最大化时刚好占满主窗体的内部区域；最小化时就变成主窗体里的图标。主窗体可以有很多子窗体，也就是可以同时开启很多文件。

在 VB 里每一个工程可以有许多的窗体，但只能有一个 MDI 窗体。要使用 MDI 窗体，除了 MDI 窗体外，至少要有一个子窗体，子窗体和一般窗体相同，差别在于 MDiChild 属性要设定为 True。

2. AutoShowChildren 属性

当 AutoShowChildren 属性被设置为 True 后，加载子窗体时将自动显示该子窗体，否则需要使用 Show 方法显示子窗体。

MDI 窗体有一个关于子窗体排列的方法 Arrange，其格式为：

对象.Arrange　参数

其中参数：0（或 vbCascade）层叠所有非最小化的 MDI 子窗体。

　　　　　　1（或 vbTileHorizontal）水平平铺所有非最小化的 MDI 子窗体。

　　　　　　2（或 vbTileVertical）垂直平铺所有非最小化的 MDI 子窗体。

　　　　　　3（或 vbArrangeIcons）重排最小化的 MDI 子窗体的图标。

例如：使 MDI 应用程序中的所有子窗体垂直平铺排列，可以使用代码：MDIForm1.Arrange 0

3. 菜单概述

Windows 应用程序中的菜单一般有下拉式菜单和弹出式菜单，均以控件的形式出现。

（1）下拉式菜单是一种典型的窗口式菜单，通常以菜单栏的形式出现在窗口上方。

（2）弹出式菜单（快捷菜单）是一种独立于菜单栏，可以在窗体上任何位置显示的浮动菜单，菜单项取决于按下鼠标右键时指针所处的对象。

4. 菜单编辑器

菜单编辑器是 VB 为窗体设计菜单的一个必用工具。选择工具栏上的■按钮或从 VB 主菜单中单击"工具/菜单编辑器"，可以打开"菜单编辑器"对话框，如图 5-8 所示。

● 标题（Caption）：输入菜单项的标题就是在菜单栏或菜单项中显示的内容。在标题文本框内输入文本，实际上就是设置菜单控件 Caption 属性。

热键：在某字符前面加上&，该字符就是菜单项的热键，按 Alt+字符可打开菜单。

分组：若标题文本框中只输入 "-" 则表示分组之间的分隔条。

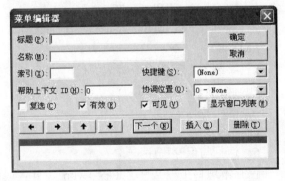

图 5-8　菜单编辑器设置

● 名称（Name）：菜单控件的名称，即 Name 属性，保证唯一性。

● 索引（Index）：用于控件数组，输入控件元素的下标，就是控件的 Index 属性。

● 快捷键（Shortcut）：为菜单项设置一个快捷键，如果要删除所指定的快捷键，可选取 "None" 项。

● 复选（Check）：设置菜单控件的 Checked 属性。当该属性为 True（即复选框中出现√）时，则在该菜单控件前面显示复选标记 "√"。该属性为 True，不能适用于第一级菜单。

● 有效（Enable）：该复选框用来设置菜单控件的 Enable 属性。当该属性值为 False 时，菜单将失效。

- 可见（Visible）：该复选框用来设置菜单控件的 Visible 属性。当该属性值为 False 时，菜单就会隐藏而不见。

5.4 系统工具栏的集成

一、项目描述

为了方便操作，常常在软件界面上添置"工具栏"，本项目要求设计工具栏，界面如图 5-9 所示。

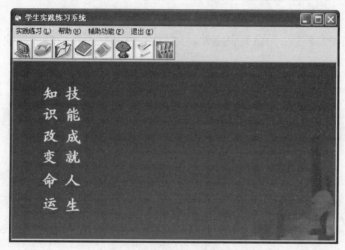

图 5-9 系统工具栏的集成

二、项目分析

工具栏在 Windows 的窗口中比较常见，工具栏一般由多个命令按钮组成，提供对应于菜单命令的快速访问。本项目将在"学生实践练习系统"上设置工具栏。

首先要添加 Microsoft Windows Commom Controls 6.0 控件，先在窗体上设置一个图像列表控件，为工具栏上的命令按钮提供图像。

三、项目实现

1. 建立项目设计环境

把"学生实践练习系统（3）"文件夹进行复制，并且重命名为"学生实践练习系统（4）"，打开其中的"工程 1"文件，在此基础上进行操作。

2. 添加工具栏

（1）添加 Microsoft Windows Commom Controls 6.0 控件部件

选择"工程"菜单中的"部件"命令，从显示的"部件"对话框中的"控件"页面中找到并选定"Microsoft Windows Commom Controls 6.0"控件部件，如图 5-10 所示，然后单击"确定"按钮。

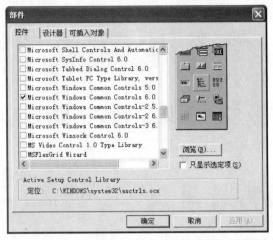

图 5-10　添加 Controls 6.0 控件部件

这时在工具箱中将添加：图像列表控件、工具栏控件和状态栏控件等控件，如图 5-11 所示。

图 5-11　工具箱

（2）设计图像列表控件

在 MDI 窗体上添加图像列表控件 ImageList1，设置其属性。

右击 ImageList1 控件，在弹出的快捷菜单中选择"属性"命令，打开 ImageList1 控件的"属性页"对话框。选择"属性页"对话框中的"通用"页面，如图 5-12 所示，从单选按钮组中根据需要选择，这里选择"16×16"选项。

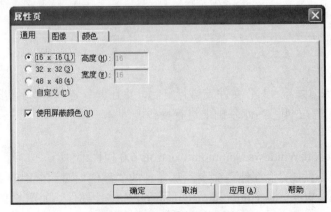

图 5-12　图像列表控件（通用）

选择"图像"选项卡，如图 5-13 所示，单击"插入图片（P）..."按钮。

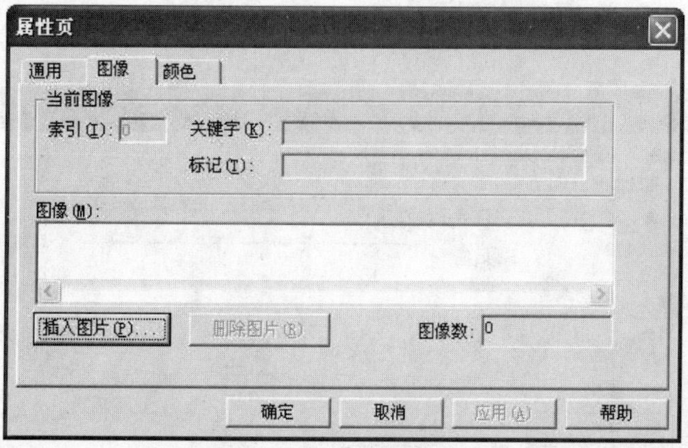

图 5-13 图像列表控件（图像）

在弹出的"选定图片"对话框中，如图 5-14 所示，选择"key.gif"图标文件后，单击"打开"按钮，即可在图像列表中添加一个图像，如图 5-15 所示，关键字为"key"。

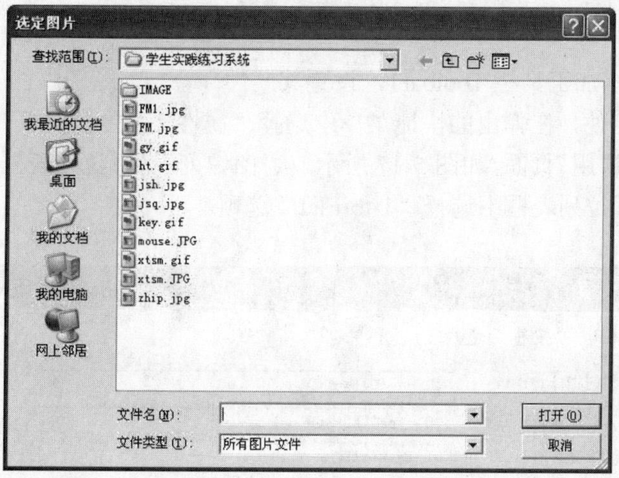

图 5-14 "选择图片"对话框

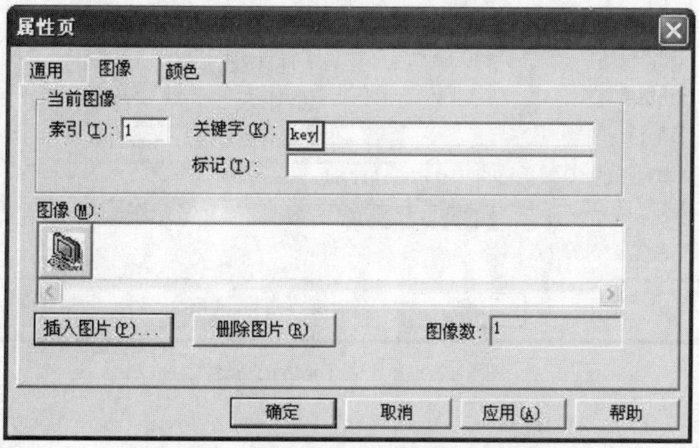

图 5-15 图像列表控件（图像）设置（1）

重复前一操作，分别插入图标文件"mouse.jpg"、"xtsm.gif"、"gy.gif"、"jsq.jpg"、"ht.gif"、"jsh.jpg"和"zhip.jpg"，如图 5-16 所示。

图 5-16　图像列表控件（图像）设置（2）

（3）设计工具栏

在 MDI 窗体上添加工具栏 Toolbar1，设置其属性。

右击 Toolbar1 控件，在弹出的快捷菜单中选择"属性"命令，打开 Toolbar1 控件的"属性页"对话框。选择"通用"页面，如图 5-17 所示，从"图像列表"下拉列表框中选择"ImageList1"选项，从"样式"下拉列表框中选择"1-tbrFlat"选项。

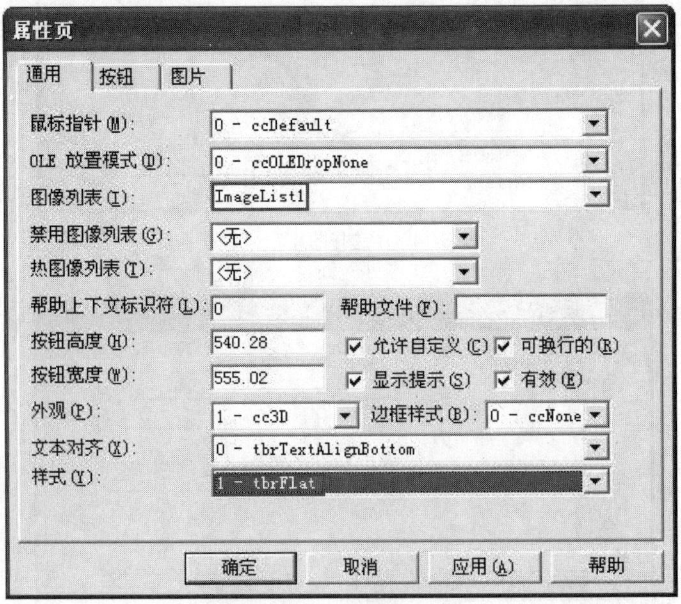

图 5-17　工具栏 Toolbar1 属性

选择"按钮"页面，如图 5-18 所示，创建工具栏上的按钮。

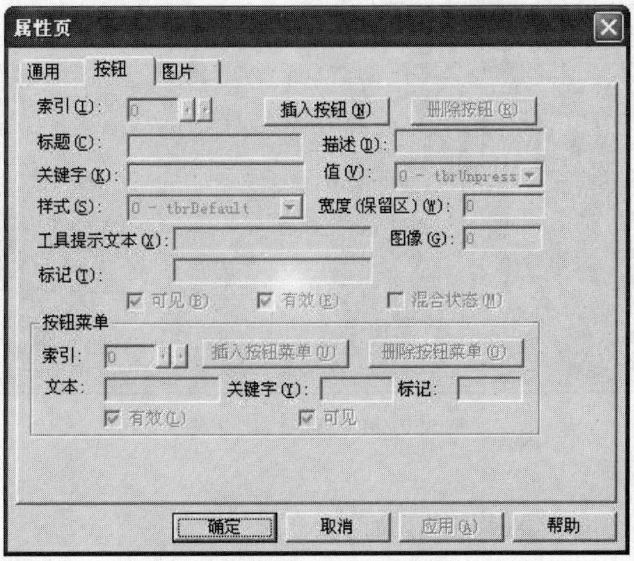

图 5-18 图像列表控件（按钮）

单击"插入按钮"按钮，即可在工具栏中添加一个按钮，在"关键字"文本框中输入"key"，在"工具提示文本"文本框中输入"指法练习"，在"图像"文本框中输入"1"，如图 5-19 所示。

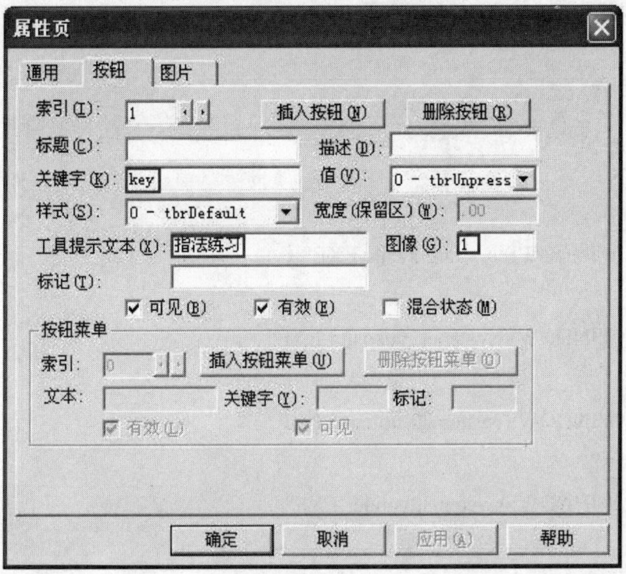

图 5-19 图像列表属性页（按钮）

这时在工具栏上创建了第一个"指法练习"命令按钮。接着，按照同样的方法在工具栏上创建"硬件练习"按钮，在"关键字"文本框中输入"mouse"，在"工具提示文本"文本框中输入"硬件练习"，在"图像"文本框中输入"2"……依次建立各个按钮。

最后单击"确定"按钮，完成工具栏的设计，此时在 MDI 窗体出现工具栏，效果如图 5-20 所示。

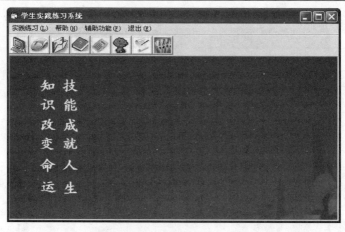

图 5-20   MDI 窗体上出现工具栏

3．编写代码

工具栏的 ButtonClick 实践程序代码如下：

```
Private Sub Toolbar1_ButtonClick(ByVal Button As MSComctlLib.Button)
  Select Case Button.Key
    Case "key"
        Form1.Show
    Case "mouse"
        Form2.Show
    Case "xt"
        Form3.Show
    Case "gy"
        Form4.Show
    Case "comp"
        Shell "C:\WINDOWS\system32\calc.EXE"
    Case "ht"
        Shell "C:\WINDOWS\system32\mspaint.EXE"
    Case "js"
        Shell "C:\WINDOWS\system32\notepad.EXE"
    Case "zhip"
        Shell "C:\WINDOWS\system32\spider.EXE"
  End Select
End Sub
```

4．运行与保存程序

保存本项目工程文件"工程 1.vbp"，并生成可执行文件 xtjc2.exe，最后在 Windows 系统中运行 xtjc2.exe。

✖ 小技巧：Button.Index 使用

上述代码中 Case 后的字符必须和 ToolBar 以及 ImageList 两个控件中相应的关键字

保持一致（注意：大小写也要一致）。若没有设置关键字时也可以考虑使用 Button.Index 控制。

知识链接

1．添加工具栏控件

工具栏控件（Toolbar）不是标准控件，需要时可以将其添加到工具箱中，方法前面已经介绍，可以参考。

2．图像列表控件

图像列表控件（ImageList）包含一个图像集合（ListImage），用于存放图像，供其他控件使用。图像集合包容图像列表中的所有图像，每个图像都有各自的属性。

（1）Index 不能超过原有的图像数，原索引值大于等于 Index 的图像依次后移。

（2）Key 值是关键字，在图像集合中不能有重复。

（3）图像集合中的图像的 Picture 属性的使用格式是：

对象.ListImages（Index）. Picture

例如下列用法，窗体 Form1 的 Picture 属性要使用 ImagesList1 中的索引值为 1 的图像，可以使用代码：

Form1.Picture= ImagesList1. ListImages（1）. Picture

3．工具栏控件设置

工具栏控件包含一个按钮集合，容纳了工具栏上的所有命令按钮，通过工具栏"属性页"对话框进行设置。

（1）工具栏"属性页"的"通用"标签（见图 5-21）

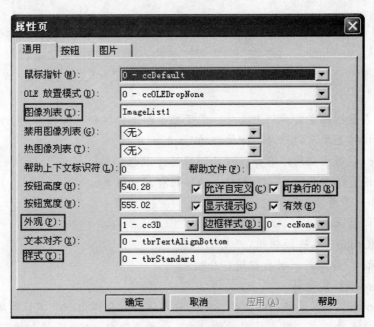

图 5-21　工具栏"属性页"的"通用"标签

● 图像列表：指明默认的工具栏按钮所使用的图像的来源，一般是控件的 ImagesList 属性。

- 外观：设置工具栏的外观效果，有 0-ccFlat（平面）和 1-cc3D（三维）两种选择。
- 边框样式：设置工具栏的边框，有 0-ccNone（无）和 1-Fixedsize（固定）两种选择。
- 样式：设置按钮的样式，有 0-tbrStandard（标准）和 1-tbrFlat（平面）两种选择。
- 允许自定义：设置程序运行时，用户能否对工具栏上的按钮进行编排。
- 可换行的：确定当按钮在工具栏上一行放不下时能否使用多行。
- 显示提示：确定当鼠标指针移动到工具栏的按钮上时是否显示提示。

（2）工具栏"属性页"的"按钮"标签（见图 5-22）

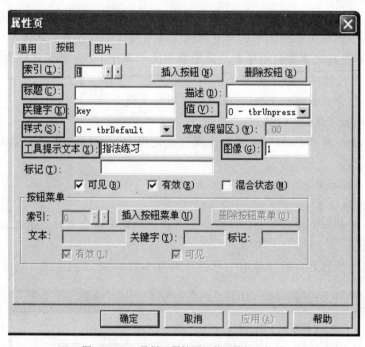

图 5-22　工具栏"属性页"的"按钮"标签

- 索引：表示按钮在工具栏上次序，用于显示和选择按钮，即按钮的 Index 属性。
- 标题：按钮上显示的标题，即按钮的 Caption 属性。
- 关键字：引用按钮的字符串，即按钮的 Key 属性。
- 样式：设置按钮的种类，工具栏上的按钮有 6 种样式：

0-tbrDefault: 普通按钮

1-tbrCheck: 复选按钮

2-tbrButtonGroup: 单选按钮组

3-tbrSeparator: 分隔符，对按钮进行分组

4-tbrPlaceholder: 占位符

5-tbrDropdown: 下拉菜单按钮，鼠标单击时，该按钮会弹出一个下拉菜单。

- 值：在样式为 1 或 2 时，决定按钮状态，0 表示弹起，1 表示按钮按下。
- 工具提示文本：当鼠标移到工具栏的按钮上时显示的提示内容。
- 图像：决定按钮上的图像，选择在图像列表属性中建立好的图像的索引。

练 习 题

一、选择题

1. 以下叙述错误的是_____。
   A. KeyPress 事件中不能识别键盘上某个的按下与释放
   B. KeyPress 事件中不能识别回车键
   C. 在 KeyDown 事件和 KeyUp 事件过程中，将键盘上的"1"和右键盘上的"1"视作不同的数字
   D. 在 KeyDown 事件和 KeyUp 事件过程中，将键盘输入的"A"和"a"视作相同的字母

2. 在文本框中按下了一个键 A，以下说法正确的是_____。
   A. 将会发生 KeyDown、KeyPress、Change 和 KeyUp 事件
   B. 将会发生 KeyDown、KeyPress 和 KeyUp 事件，但不会发生 Change 事件
   C. 将会发生 KeyDown、Changes 和 KeyUp 事件，但不会发生 KeyPres 事件
   D. 只会发生 KeyPress 和 Change 事件

3. 对于窗体的 KeyDown 事件，其语法结构如下：
   Private Sub Form_KeyDown(KeyCode As Integer, Shift As Integer)
   　　 …
   End Sub
   当 KeyDown 事件中的形参 Shift 为 7 时，则程序运行的同时，按下了_____键。
   A. Shift 　　　　 B. Shift+Ctrl 　　　 C. Shift+Ctrl+Alt 　　　 D. Ctrl+Alt

4. 按下 Enter 键，下列_____事件已经被触发。
   A. Change 　　　 B. Click 　　　 C. KeyPress 　　　　 D. GotFocus

5. 当用户按下并且释放一个键后，会触发 KeyDown、KeyPress、KeyUp 事件，这 3 个事件发生的顺序是_____。
   A. KeyPress、KeyDown、KeyUp 　　 B. KeyDown、KeyPress、KeyUp
   C. KeyPress、KeyUp 、KeyDown 　　 D. 无规律

6. 当 Shift 取值为 1 时，则_____。
   A. Shift 键处于按下状态
   B. Ctrl 键处于按下状态
   C. Alt 键处于按下状态
   D. Shift 键、Ctrl 键、Alt 键都没有处于按下状态

7. 当鼠标按下时，_____事件被触发。
   A. MouseUp 　　　　　　　　　 B. MouseDown
   C. MuseMov 　　　　　　　　　 D. KeyUp

8. 当鼠标松开时，_____事件被触发。
   A. MouseUp 　　　　　　　　　 B. MouseDown

C. MouseMov   D. KeyUp

9. 窗体的 MouseDown 事件过程：

Form_MouseDown(Button As Integer,Shift As Integer,X As Single,Y As Single)有 4 个参数，关于这些参数，正确的描述是_____。

    A. 通过 Button 参数判定当前按下的是哪一个鼠标键

    B. Shift 参数只能用来确定是否按下 Shift 键

    C. Shift 参数只能用来确定是否按下 Alt 键和 Ctrl 键

    D. 参数 x，y 用来设置鼠标当前位置的坐标

10. 如果要在菜单中添加一个分隔线，则应将其 Caption 属性设置为_____。

    A. =   B. &

    C. *   D. −

11. 要设置 S 键为某个菜单项的快捷访问键，应该_____。

    A. 在字母 S 的前面插入 "*" 键   B. 在字母 S 的后面插入 "*" 键

    C. 在字母 S 的前面插入 "&" 键   D. 在字母 S 的后面插入 "&" 键

12. 以下关于菜单的叙述中，错误的是_____。

    A. 除了 Click 事件之外，菜单项不可以响应其他事件

    B. 每个菜单项都是一个控件，与其他控件一样，有其属性和事件

    C. 菜单项的索引项必须从 1 开始

    D. 菜单的索引号可以不连续

二、程序题

1. 在 5.1 节指法练习的案例中，一次就会把所有相同的字符全部清除，请修改为使按键一次只能清除一个字符。

2. 在 5.1 节指法练习的案例中，没有显示打对的次数和事物的次数，请修改将打对的次数和失误次数显示出来。

3. 下列窗口中可以使用方向键→、←、↑、↓来控制 "小人" 移动，请完成（ASCII 码分别：37、38、39、40）。

```
Private Sub Picture1_KeyDown(KeyCode As Integer, Shift As Integer)
End Sub
```

对象	名称	相关属性
窗体	FORM1	Caption
图片框	Picture1	

4. 在窗体上扣放一张扑克牌，用鼠标指针指向扑克牌并按住 Shift 键使扑克牌反过来。

5. 利用菜单编辑器创建 "记事本" 的 "工具栏" 菜单。

要求：

（1）只做界面，无须给出实现此功能的程序代码。

（2）功能菜单前面的图标不用添加。

附录 **A** 安装 Visual Basic 6.0

安装 Visual Basic 6.0 的操作步骤与在 Windows 下安装其他软件的方法相似，其步骤如下。

（1）将带有 Visual Basic 6.0 软件的光盘插入光盘驱动器。

（2）如果是 Visual Basic 6.0 专用光盘，而且计算机的光盘驱动器能够自动播放，则在插入光盘后，安装程序将自动执行。

如果不是 Visual Basic 6.0 专用光盘，可以在"我的电脑"中运行光盘中的 Setup.exe 程序，运行的第一个界面如图 A-1 所示。

（3）单击"下一步"按钮，弹出安装程序的第二个界面"最终用户许可协议"，如图 A-2 所示，选择"接受协议"单选钮，然后单击"下一步"按钮。

图 A-1　开始安装 Visual Basic 6.0

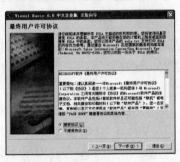

图 A-2　最终用户许可协议

（4）安装程序的第三个界面是输入产品号和用户 ID，如图 A-3 所示。产品的 ID 号在 Visual Basic 6.0 光盘包装盒上可以找到。

（5）单击"下一步"按钮后，选择安装内容为"安装 Visual Basic 6.0 中文企业版"，如图 A-4 所示，然后单击"下一步"按钮。

（6）在接下来的"选择公用安装文件夹"界面中，公用安装文件夹默认为"C:\Program Files\Microsoft Visual Studio\Common"，如果 A-5 所示。一般使用默认值，但要注意安装目标盘最小空间需要 50MB。如果需要改变安装文件夹，可以单击"浏览"按钮。在确认安装文件夹后，单击"下一步"铵钮。

（7）在欢迎安装的对话框，单击"继续"按钮。系统随后弹出确认安装产品 ID 号的对话框，单击"确定"按钮。

（8）此后将出现提示用户选择安装类型的对话框，如下图 A-7 所示。对初次安装 Visual Basic 6.0 用户来说，推荐使用"典型安装"，系统将安装常用的组件；而"自定义安装"选项可以为用户提供自己选择安装组件的对话框。

图 A-3　输入产品号和用户 ID

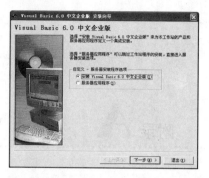

图 A-4　选择工作站产品或服务器应用程序

图 A-5　选择公用安装文件夹

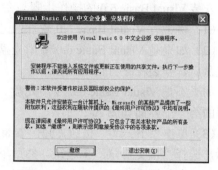

图 A-6　欢迎安装

Visual Basic 6.0 默认安装到 C:\Program Files\Microsoft Visual Studio\VB98 文件夹中，如果需要安装到其它文件夹，单击"更改文件夹"按钮。

（9）单击"典型安装"按钮后，系统将自动完成安装过程。安装结束时，系统将弹出对话框，要求重新启动 Windows，单击"重新启动 Windows"按钮重启操作系统。

（10）Visual Basic 6.0 部分组件将在计算机重启后自动安装，完成后系统弹出"安装 MSDN"对话框（图 A-8）。如果不选择"安装 MSDN"，取消选择"安装 MSDN"复选框，然后单击"下一步"按钮。

（11）接着系统继出提示安装服务器组件的对话框，对初次安装的用户，不需要选择服务器组件，直接单击"下一步"按钮。

（12）Visual Basic 6.0 安装向导的最后一个对话框是"通过 Web 注册"，如果不需要注册，取消选择"现在注册"复选框，单击"完成"按钮完成 Visual Basic 6.0 的安装。

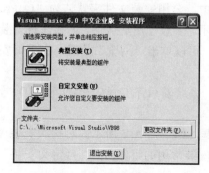

图 A-7　选择安装类型

图 A-8　选择是否安装 MSDN

附录 B 安装 MSDN

MSDN 是 Microsoft Visual Studio 的在线帮助系统，其中有大量的知识文章，还提供了许多示例程序，是学习和使用 Visual Studio 产品的重要技术支持。

Visual Basic 6.0 是 Microsoft Visual Studio 6.0 产品中的一个子产品。在 Microsoft Visual Studio 6.0 刚推出时，提供两张光盘，后来 Microsoft 公司推出了 3 张光盘的 MSDN。

MSDN 的安装步骤如下。

（1）在安装 Visual Basic 6.0 的后期，安装程序提示用户是否安装 MSDN（见图 A-8），如果选择"安装 MSDN"复选框，单击"下一步"按钮后，系统弹出如图 B-1 所示的对话框。

图 B-1　确定 MSDN 安装光盘所在的光驱

如果在安装 Visual Basic 6.0 时，没有选择安装 MSDN，可以运行 MSDN 光盘中的 Setup.exe 安装程序。

（2）将 MSDN 第一张光盘放入光盘驱动器中，单击"确定"按钮，系统将弹出图 B-2 所示的对话框。

图 B-2　确定 MSDN 安装类型

（3）对于初次安装 MSDN 的用户，推荐使用"典型安装"，系统将安装常用的 MSDN 项目。

如果选择"自定义安装"，系统将弹出图 B-3 所示的自定义选项，其中"全文搜索索引"选项推荐安装，这样可以在没有 MSDN 光盘的情况下使用 MSDN 联机帮助，否则在以后使用 MSDN 时，必须将 MSDN 光盘放入光驱。

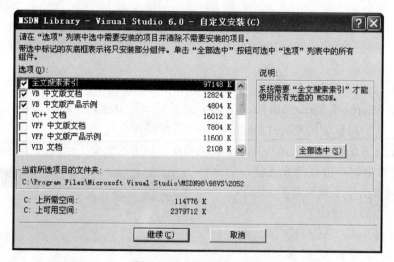

图 B-3   自定义安装 MSDN

如果选择"完全安装"，系统将安装全部 MSDN 文件到硬盘。

（4）选择 MSDN 安装选项后，系统开始安装 MSDN，在安装的过程中，根据系统提示，插入相应的 MSDN 光盘，如图 B-4 所示，然后单击"确定"按钮。

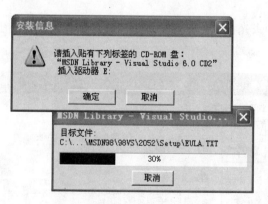

图 B-4   系统提示插入 MSDN 光盘

（5）最后系统提示安装完成。